《Q/GDW 1799.2—2013国家电网公司 电力安全工作规程 线路部分》

学习辅导

国网陕西省电力公司　组编

中国电力出版社
CHINA ELECTRIC POWER PRESS

内 容 提 要

为使广大员工更好地学习掌握和执行《安规》，国网陕西省电力公司安全监察质量部组织编写了《〈Q/GDW 1799.1—2013 国家电网公司电力安全工作规程 变电部分〉学习辅导》、《〈Q/GDW 1799.2—2013 国家电网公司电力安全工作规程 线路部分〉学习辅导》和《供电企业安全事故透视》三本《安规》学习辅导材料。

学习辅导以《安规》原文为基础，给出每章要点提示，对条文标注出读者应重点关注的知识点，对某些条文给出事故警示，同时给出《安规》考试中各条文可能出的测试题，达到学习理解并切实执行《安规》的目的。

本书是《安规》的学习辅导用书，也可作为供电企业安全培训用书。

图书在版编目（CIP）数据

《Q/GDW 1799.2～2013 国家电网公司电力安全工作规程（线路部分）》学习辅导 / 国网陕西省电力公司组编. —北京：中国电力出版社，2014.9（2022.2 重印）

ISBN 978-7-5123-6365-6

Ⅰ . ①Q… Ⅱ . ①国… Ⅲ . ①输配电线路–安全规程–中国–学习参考资料 Ⅳ . ①TM726–65

中国版本图书馆 CIP 数据核字（2014）第 194662 号

中国电力出版社出版、发行

（北京市东城区北京站西街 19 号 100005 http://www.cepp.sgcc.com.cn）

三河市百盛印装有限公司印刷

各地新华书店经售

*

2014 年 9 月第一版 2022 年 2 月北京第四次印刷

850 毫米×1168 毫米 32 开本 10.125 印张 258 千字

印数 11001—11500 册 定价 **28.00** 元

编 委 会

主　　　　任　邬捷龙

副　主　任　纪云鸿　倪建立　李庆宇　王立新
　　　　　　　朱光辉

委　　　员　石　玲　寇瑞山　于　波　游　强
　　　　　　　张　辽　杨震强　左　琳　杨宝杰
　　　　　　　郭　磊　李伟建

本书编写人员　倪建立　孙选明　王　朝　翟义德
　　　　　　　张克强　黄　浦　刘争社　张建峰
　　　　　　　胡江博　晁建辉

前　言

为适应电力生产技术进步和国家电网公司"三集五大"体系建设及变电站无人值班等新形势，加强电力生产现场的安全管理，规范各类作业人员的行为，保证人身、电网和设备安全，国家电网公司先后于 2013 年 11 月颁布了 Q/GDW 1799.1—2013《国家电网公司电力安全工作规程　变电部分》和 Q/GDW 1799.2—2013《国家电网公司电力安全工作规程　线路部分》，2014 年 2 月颁布了《国家电网公司电力安全工作规程（配电部分）（试行）》（国家电网安质〔2014〕265 号）（以上三个安规统一简称为《安规》）。为使广大员工更好地学习掌握和严格执行《安规》，国网陕西省电力公司安全监察质量部组织多年从事一线安全监察工作的专家，编写了《〈Q/GDW 1799.1—2013 国家电网公司电力安全工作规程　变电部分〉学习辅导》、《〈Q/GDW 1799.2—2013 国家电网公司电力安全工作规程　线路部分〉学习辅导》和《供电企业安全事故透视》三本《安规》学习辅导材料，旨在吸取事故教训，自觉学习和遵守执行《安规》，保证人身、电网和设备安全。

一般而言，从学习理解到掌握执行安全工作规程，是一个既简单的问题，同时也是一个复杂的过程。简单的问题就是你必须明白：只要你平时不注重学习、理解执行安全工作规程，就难以做到在工作中知行合一，事故将随时降临在你身上，或者与你紧密相关的合作人员身上从而波及你。复杂的过程是因为，一方面，安全工作规程本身是一个安全理论与工作实践的紧密结合体，其众多条款或者条文之间，有些存在一定逻辑关联，有些条款或条文之间没有必然的逻辑关联。如果没有一定理论或者知识基础、没有工作实践，学习起来枯涩，理解记忆难。另一方面，就是别人不好的、投机取巧式的违章示范影响，使自己对安全工作规程的学习理解和执行产生畏难情绪或者缺乏自觉性。因此，只有养成学习并理解、掌握并严格执行安全工作规程的良好作风，才能预防和控制现场工作过程中事故的发生，才能保证自身和他人良好的行为观念，才能克服在学习和执行安全工作规程中遇到的各种困难和问题，才能将安全工作规程学习和执行作为自觉自愿的自律行动。

在员工安全培训上及自主学习方面，目前主要存在两类问题：一是在教育培训上，普遍缺乏系统性安全知识、理论和技能的培训，往往在开展员工安全培训时，只注重安全工作规程条文的解释及要求的培训，缺乏讲授违反该条文将会产生的后果及实际案例的警戒教育；更没有或甚少关于安全知识、理论、技能的基础培训。员工缺乏这些基础的安全知识和技能储备，势必影响对安全工作规程条文的学习理解和执行能力！二是一些员工平时不注重安全工作规程条文的学习理解记忆，到了考试时，往往不看《安规》原文，只是以记忆试题库的试题及答案的方式来应对。

为了解决以上问题，我们在编写《安规》（变电部分和线路部分）学习辅导材料时，以忠实于《安规》原文为基础，给员工以熟悉的面孔；以每章要点提示、标注条文知识点为要义，提示员工重点关注之所在；以案例警示员工，如果不知行合一，将会面临怎样的后果，增强其学习理解的动力；测试题是为了员工自我测试是否理解掌握，同时也为供电企业提供《安规》考试试题之用。其采用的事故警示，均是已发生的真实事故，而且大部分事故在《供电企业安全事故透视》中有更具体的分析。学习辅导材料中，以"文字加粗及单下划线"标注的形式，表示该条文必须掌握和切记的知识点；以"文字加粗及双下划线"标注的形式，表示该条文规定下所列的各下级条文内容都必须掌握和牢记；对于《安规》中列表表号以双下划线标注的，表示该表内相关内容要掌握和牢记。

为吸取事故教训，给供电企业广大员工提供用鲜血和生命书写的警示教材，我们编写了《供电企业安全事故透视》一书。本书共收录典型事故案例 115 个，涉及在变电站工作发生的事故案例 55 个、线路上工作发生的事故案例 22 个、配电（含在用户侧）工作发生的事故案例 38 个，涵盖了 0.4～500kV 电压等级。所收录的事故案例在事故归因上，均是人员责任事故所致，因此将所收录事故案例划分为人身事故和误操作事故。其中，人身事故（88个案例）细分为人身触电事故（62 个案例）、高处坠落事故（14个案例）、倒杆塔事故（5 个案例）以及物体打击、起重和其他事故（7 个案例）；误操作事故（27 个案例）细分为误拉合开关（1个案例）、带负荷合刀闸（2 个案例）、带地线合闸（9 个案例）、带电挂地线（9 个案例）、无票操作（2 个案例）以及误碰误接线事故（4 个案例）。书中所收录的事故案例均取自于有关方面的安全事故通报，但并不是这些安全事故通报的简单汇编，而是按照事故发生的因果、连锁关系，对原事故通报进行必要地修剪以反映事故的过程和结果，并分析其产生的原因以及违反《安规》相关要求的不安全行为。

在成书的过程中，我们得到了国家电网公司安全监察质量部王利群副主任、陈竟成处长、杨怀慧、王东的大力支持和帮助；国家电网公司华东分部刘亨铭副总工程师、葛乃成对《供电企业安全事故透视》一书中的事故案例分析进行了认真审核并提出了

300 多处修改意见建议，在此表示最崇高的敬意；对国网陕西省电力公司西安供电公司、铜川供电公司、延安供电公司、渭南供电公司、宝鸡供电公司、商洛供电公司以及陕西省电力公司培训中心的大力支持表示感谢。虽然成书过程历经三年时光，参编人员大多从事多年的安全生产一线工作或教育培训工作，但难免有疏漏之处，敬请各位同仁批评斧正，不胜感激！

编　者
2014 年 8 月

目　　录

1 范　　围

本规程规定了工作人员在作业现场应遵守的安全要求。

本规程适用于在运用中的发电、输电、变电（包括特高压、高压直流）、配电和用户电气设备上及相关场所工作的所有人员，其他单位和相关人员参照执行。

开闭所、高压配电站（所）内工作参照 Q/GDW 1799.1—2013《国家电网公司电力安全工作规程　变电部分》的有关规定执行。

2 规范性引用文件

下列文件对于本文件的应用是必不可少的。凡是注日期的引用文件，仅注日期的版本适用于本文件。凡是不注日期的引用文件，其最新版本（包括所有的修改单）适用于本文件。

GB 3787—2006 手持式电动工具的管理、使用、检查和维修安全技术规程

GB 5905 起重机试验、规范和程序

GB 6067 起重机械安全规程

GB/T 9465 高空作业车

GB/T 18857—2008 配电线路带电作业技术导则

GB 26859—2011 电力安全工作规程（电力线路部分）

GB 26860—2011 电力安全工作规程（发电厂和变电站电气部分）

DL/T 392—2010 1000kV 交流输电线路带电作业技术导则

DL 408—1991 电业安全工作规程（发电厂和变电所电气部分）

DL 409—1991 电业安全工作规程 （电力线路部分）

DL/T 599—2005 城市中低压配电网改造技术导则

DL/T 875—2004 输电线路施工机具设计、试验基本要求

DL/T 881—2004 ±500kV 直流输电线路带电作业技术导则

DL/T 966—2005 送电线路带电作业技术导则

DL/T 976—2005 带电作业工具、装置和设备预防性试验规程

DL/T 1060—2007 750kV 交流输电线路带电作业技术导则

DL 5027 电力设备典型消防规程

ZBJ 80001　汽车起重机和轮胎起重机维护与保养

Q/GDW 302—2009　±800kV 直流输电线路带电作业技术导则

中华人民共和国国务院令　第 466 号　民用爆炸物品安全管理条例

3 术 语 和 定 义

下列术语和定义适用于本规程。

3.1

低［电］压　low voltage，LV

用于配电的交流系统中 1000V 及其以下的电压等级。

［GB/T 2900.50—2008，定义 2.1 中的 601–01–26］

3.2

高［电］压　high voltage，HV

a）通常指超过低压的电压等级。

b）特定情况下，指电力系统中输电的电压等级。

［GB/T 2900.50—2008，定义 2.1 中的 601–01–27］

3.3

运用中的电气设备　operating electrical equipment

指全部带有电压、一部分带有电压或一经操作即带有电压的电气设备。

3.4

事故紧急抢修工作　emergency repair work

指电气设备发生故障被迫紧急停止运行，需短时间内恢复的抢修和排除故障的工作。

3.5

设备双重名称　dual tags of equipment

即设备名称和编号。

3.6

双重称号　dual title

即线路名称和位置称号，位置称号指上线、中线或下线和面向线路杆塔号增加方向的左线或右线。

3.7

    电力线路　electric line

    在系统两点间用于输配电的导线、绝缘材料和附件组成的设施。

4 总　　则

本章要点

　　本章明确了 Q/GDW 1799.2—2013《国家电网公司电力安全工作规程　线路部分》(以下简称《安规》)制定的目的，即规范生产现场各类工作人员的行为，保证人身、电网和设备安全。该章主要规定了作业现场、作业人员基本条件，对各类作业人员《安规》的教育和培训、违反规程行为的制止及"四新"的试验和推广等提出了要求。

4.1　为加强电力生产<u>现场管理</u>，规范各类工作人员的<u>行为</u>，保证<u>人身、电网和设备</u>安全，依据国家有关法律、法规，结合电力生产的实际，制定本规程。

　　【测试题】

　　1. 多选题

　　(1) 为加强电力生产现场管理，规范各类工作人员的行为，保证(　　)、(　　)和(　　)安全，依据国家有关法律、法规，结合电力生产的实际，制定本规程。

　　A. 人身；B. 电网；C. 设备；D. 设施。

　　答案：ABC

　　2. 填空题

　　(1) 为加强电力生产(　　)，规范各类工作人员的(　　)，保证人身、电网和设备安全，依据国家有关法律、法规，结合电力生产的实际，制定本规程。

答案：现场管理；行为

4.2 作业现场的基本条件。

4.2.1 作业现场的生产条件和安全设施等应符合有关标准、规范的要求，工作人员的劳动防护用品应合格、齐备。

4.2.2 经常有人工作的场所及施工车辆上宜配备急救箱，存放急救用品，并应指定专人经常检查、补充或更换。

4.2.3 现场使用的安全工器具应合格并符合有关要求。

4.2.4 各类作业人员应被告知其作业现场和工作岗位存在的危险因素、防范措施及事故紧急处理措施。

【测试题】

1. 问答题

（1）《安规》总则部分规定作业现场基本条件有哪些？

答案：1）作业现场的生产条件和安全设施等应符合有关标准、规范的要求，工作人员的劳动防护用品应合格、齐备。

2）经常有人工作的场所及施工车辆上宜配备急救箱，存放急救用品，并应指定专人经常检查、补充或更换。

3）现场使用的安全工器具应合格并符合有关要求。

4）各类作业人员应被告知其作业现场和工作岗位存在的危险因素、防范措施及事故紧急处理措施。

4.2.1 作业现场的<u>生产条件</u>和<u>安全设施</u>等应符合有关标准、规范的要求，工作人员的<u>劳动防护用品</u>应合格、齐备。

【事故警示】

1997 年 9 月 15 日，四川电力建设某公司珞璜项目部锅炉工地，钢架班临时组长向某某带着全组 4 人进行安装紧靠钢板下的烟道支吊架的准备工作，取钢板施工时，作业现场生产条件不符合要求（未装设安全网和防护栏杆），也未使用安全带，当把钢板翻到 75° 左右时，一名作业人员因站立不稳，高处坠落死亡。

【测试题】

1. 填空题

（1）作业现场的（　　　）和（　　　）等应符合有关标准、规范的要求，工作人员的劳动防护用品应合格、齐备。

答案：生产条件；安全设施

（2）作业现场的生产条件和安全设施等应符合有关标准、规范的要求，工作人员的（　　　）应合格、齐备。

答案：劳动防护用品

2. 判断题

（1）作业现场的生产条件和安全设施等应符合有关标准、规范的要求，工作人员的劳动防护用品应齐备。

答案：错误

4.2.2 经常有人工作的场所及施工车辆上宜配备急救箱，存放急救用品，并应指定专人经常检查、补充或更换。

【测试题】

1. 填空题

（1）经常有人工作的场所及施工车辆上宜配备急救箱，存放急救用品，并应指定专人经常检查、（　　　）或（　　　）。

答案：补充；更换

（2）经常有人工作的场所及（　　　）上宜配备急救箱，存放急救用品，并应指定专人经常检查、补充或更换。

答案：施工车辆

（3）（　　　）及施工车辆上宜配备急救箱，存放急救用品，并应指定（　　　）经常检查、补充或更换。

答案：经常有人工作的场所；专人

2. 判断题

（1）经常有人工作的场所及施工现场宜配备急救箱，存放急救用品，并应指定专人经常检查、补充或更换。

答案：错误

4.2.3 现场使用的安全工器具应<u>合格</u>并<u>符合有关要求</u>。

【事故警示一】

2005年5月30日,陕西某供电局送电处组织青工在模拟110kV架空线路进行耐张串出导线更换防振锤实习培训过程中,没有提前采取防止意外情况的紧急处理措施,受训人员未使用有后备绳的双控背带式安全带,从12m高处坠落至地面重伤。

【事故警示二】

2006年3月29日,陕西某供电局亮丽电缆公司进行10kV架空线路落地改电缆施工过程中,杆上作业人员未使用双保险安全带,杆上移位失去安全带保护,从距地约6m高空坠落重伤。

【测试题】

1. 填空题

(1)现场使用的安全工器具应( )并( )。

答案:合格;符合有关要求

4.2.4 各类作业人员应<u>被告知</u>其作业现场和工作岗位存在的<u>危险因素</u>、<u>防范措施</u>及<u>事故紧急处理措施</u>。

【事故警示】

1998年5月7日,某镀钢厂变电站开展35kV及6kV设备检修工作,工作负责人贺某某未向工作班成员告知现场安全措施、带电部位和其他注意事项,李某某在工作任务不明,对现场设备具体状况、具体位置、安全措施不清的情况下,仅凭镀钢厂值班人员说"全站都停电了"就盲目开工,工作过程中,35kV进线隔离开关桩头对李某某右手臂放电,经抢救无效死亡。

【测试题】

1. 单选题

(1)各类作业人员应被告知其作业现场和工作岗位存在的危险因素、防范措施及( )。

A. 事故紧急处理措施; B. 技术措施; C. 作业风险。

答案: A

2. 多选题

（1）各类作业人员应被告知其作业现场和工作岗位存在的（　　　）。

A. 危险因素；B. 技术措施；C. 防范措施；D. 事故紧急处理措施。

答案：ACD

3. 填空题

（1）各类作业人员应（　　　）其作业现场和工作岗位存在的危险因素、防范措施及事故紧急处理措施。

答案：被告知

4.3　作业人员的基本条件。

4.3.1　经医师鉴定，无妨碍工作的病症（体格检查每两年至少一次）。

4.3.2　具备必要的电气知识和业务技能，且按工作性质，熟悉本规程的相关部分，并经考试合格。

4.3.3　具备必要的安全生产知识，学会紧急救护法，特别要学会触电急救。

4.3.4　进入作业现场应正确佩戴安全帽，现场作业人员应穿全棉长袖工作服、绝缘鞋。

【测试题】

1. 问答题

（1）作业人员的基本条件有哪些？

答案：1）经医师鉴定，无妨碍工作的病症（体格检查每两年至少一次）。

2）具备必要的电气知识和业务技能，且按工作性质，熟悉本规程的相关部分，并经考试合格。

3）具备必要的安全生产知识，学会紧急救护法，特别要学会触电急救。

4）进入作业现场应正确佩戴安全帽，现场作业人员应穿全棉长袖工作服、绝缘鞋。

4.3.1 经医师鉴定，无妨碍工作的病症（体格检查**每两年**至少一次）。

【事故警示】

2012年3月20日，福建某供电公司江田配电所林某某在10kV江田线114号杆进行验电、装设接地线操作时，由于身体疾病引发意外死亡。

【测试题】

1. 单选题

（1）作业人员的体格检查每（　　　）至少一次。

A. 两年；B. 三年；C. 四年。

答案：A

4.3.2 具备必要的**电气知识**和**业务技能**，且按工作性质，熟悉本规程的相关部分，并经**考试合格**。

【测试题】

1. 单选题

（1）作业人员应具备必要的电气知识和业务技能，且按工作性质，熟悉《安规》的相关部分，并经（　　　）。

A. 专业培训；B. 考试合格；C. 现场培训；D. 现场实习。

答案：B

2. 多选题

（1）《安规》总则部分作业人员的基本条件中规定：作业人员应具备必要的（　　　）和（　　　），且按工作性质，熟悉《安规》的相关部分，并经考试合格。

A. 电气知识；B. 安全知识；C. 业务技能；D. 实践经验。

答案：AC

3. 填空题

（1）《安规》总则部分作业人员的基本条件中规定：作业人员

应具备必要的电气知识和（　　），且按工作性质，熟悉《安规》的相关部分，并经（　　）。

答案：业务技能；考试合格

4.3.3 具备必要的<u>安全生产知识</u>，学会<u>紧急救护法</u>，特别要学会<u>触电急救</u>。

【事故警示】

某轧钢厂张某某施焊时触电倒在过道上。轧钢工刘某某发现后立即拉闸断电，马上对张某某进行人工呼吸，张某某终于喘过气来，保住了性命。

【测试题】

1. 单选题

（1）作业人员应具备必要的（　　），学会紧急救护法，特别要学会触电急救。

A. 理论知识； B. 业务能力； C. 安全生产知识。

答案：C

2. 填空题

（1）作业人员应具备必要的安全生产知识，学会（　　），特别要学会（　　）。

答案：紧急救护法；触电急救

4.3.4 进入作业现场应正确佩戴<u>安全帽</u>，现场作业人员应穿<u>全棉长袖工作服</u>、<u>绝缘鞋</u>。

【事故警示一】

9月22日，某电业局送电工区在220kV松滨线183号修巡线吊桥。地面作业人员王某某到桥下查看弛度，这时谭某某正好用钳子打紧线器，结果紧线器掉在王某某的头顶上，因王没戴安全帽，将头皮打破，造成轻伤。

【事故警示二】

1983年11月12日，陕西某供电局送电处检修班在原220kV碧洋线525号塔组塔时，塔上作业人员未采取防止工器具、材料坠落的措施，塔下作业人员进入组塔作业现场不戴安全帽被坠物砸伤。

【测试题】

1. 填空题

（1）进入作业现场应正确佩戴安全帽，现场作业人员应穿（　　）、（　　）。

答案：全棉长袖工作服；绝缘鞋

4.4 教育和培训

4.4.1 各类作业人员应接受相应的**安全生产教育**和**岗位技能培训**，经**考试合格**上岗。

【事故警示】

2012 年 5 月 19 日，安徽某县供电公司按计划在 10kV 双褚线路 26 号杆处进行真空断路器停电更换工作。农网改造外包工程队临时聘用人员（不具备安全技能和相关资格）利用线路停电机会擅自在该线路 69 号杆处池庙台区进行接电操作，触电造成 1 人死亡，1 人轻伤。作业人员未接受相应安全生产教育和岗位技能培训是造成事故的重要原因。

【测试题】

1. 单选题

（1）各类作业人员应接受相应的安全生产教育和岗位技能培训，经（　　）上岗。

A. 领导批准；B. 安全培训；C. 考试合格。

答案：C

2. 填空题

（1）各类作业人员应接受相应的（　　）和（　　），经考试合格后上岗。

答案：安全生产教育；岗位技能培训

（2）各类作业人员应接受相应的安全生产教育和岗位技能培训，经（　　）上岗。

答案：考试合格

4.4.2 作业人员对本规程应**每年**考试一次。因故间断电气工作连续**三个月**以上者，应重新学习本规程，并经**考试合格**后，方能恢复工作。

　【测试题】

　1. 单选题

　（1）作业人员对《安规》应每年考试一次。因故间断电气工作连续（　　）个月以上者，应重新学习本规程，并经考试合格后，方能恢复工作。

　A. 六；B. 五；C. 三。

　答案：C

　2. 多选题

　（1）作业人员因故间断电气工作连续三个月以上者，应（　　）方能恢复工作。

　A. 重新学习《安规》；B. 考试合格后；

　C. 进行专业考试；D. 应进行现场培训。

　答案：AB

　3. 填空题

　（1）作业人员对《安规》应（　　）考试一次。因故间断电气工作连续三个月以上者，应重新学习《安规》，并经（　　）后，方能恢复工作。

　答案：每年；考试合格

　4. 判断题

　（1）作业人员对《安规》应每年考试一次。因故间断电气工作连续三个月以上者，应重新学习《安规》，并经领导批准后，方能恢复工作。

　答案：错误

4.4.3 新参加电气工作的人员、实习人员和临时参加劳动的人员（管理人员、非全日制用工等），应经过**安全知识教育**后，方可到现场参加<u>指定的</u>工作，并且不准<u>单独</u>工作。

【事故警示】

2003 年 3 月 11 日，某供电公司某变电站由值班员王某某担任工作负责人，带领家政公司 5 名人员进行站内草坪修剪及外墙、路灯清扫。王某某未对家政公司人员进行安全知识教育、未交代安全注意事项，在办理了许可手续之后，仅交代了工作内容，就离开了现场。11 时左右，家政人员刘某某准备清扫 35kV 场地边的路灯，行走过程中其肩上扛的铝合金梯子对 35kV 红嘉线 C 相导线放电，触电死亡。

【测试题】

1. 单选题

（1）新参加电气工作的人员、实习人员和临时参加劳动的人员（管理人员、非全日制用工等），应经过（　　）后，方可到现场参加指定的工作，并且不准单独工作。

A. 考试合格；B. 学习培训；C. 安全知识教育。

答案：C

2. 填空题

（1）新参加电气工作的人员、实习人员和临时参加劳动的人员（管理人员、非全日制用工等），应经过安全知识教育后，方可到现场参加（　　）工作，并且不准（　　）工作。

答案：指定的；单独

4.4.4 参与公司系统所承担电气工作的外单位或外来工作人员应熟悉本规程，经<u>考试合格</u>，并经<u>设备运维管理单位</u>认可，方可参加工作。工作前，设备运维管理单位应<u>告知现场电气设备接线情况、危险点和安全注意事项</u>。

【事故警示】

1998 年 9 月 29 日，陕西某供电局 110kV 某变电站在对部分停电设备进行清扫、消缺、刷相序漆工作时，未认真向外协人员告知现场电气设备接线情况、危险点和安全注意事项，工作负责人（监护人）参与工作，外协人员刷漆转移工作时失去监护，误入 35kV 带电间隔触电死亡。

【测试题】

1. 单选题

（1）参与公司系统所承担电气工作的外单位或外来工作人员应熟悉《安规》，经考试合格，并经（　　　）认可，方可参加工作。工作前，设备运维管理单位应告知现场电气设备接线情况、危险点和安全注意事项。

A. 单位生产领导；B. 设备运维管理单位；C. 安监部门。

答案：B

2. 多选题

（1）参与公司系统所承担电气工作的外单位或外来工作人员应熟悉《安规》，经考试合格，并经设备运维管理单位认可，方可参加工作。工作前，设备运维管理单位应告知（　　　）、（　　　）和（　　　）。

A. 现场电气设备接线情况；B. 危险点；C. 安全注意事项；D. 现场生产条件。

答案：ABC

3. 填空题

（1）参与公司系统所承担电气工作的外单位或外来工作人员应熟悉《安规》，经（　　　），并经设备运维管理单位认可，方可参加工作。工作前，设备运维管理单位应（　　　）现场电气设备接线情况、危险点和安全注意事项。

答案：考试合格；告知

4. 判断题

（1）参与公司系统所承担电气工作的外单位或外来工作人员应熟悉《安规》，经考试合格，方可参加工作。工作前，设备运维管理单位应告知现场电气设备接线情况、危险点和安全注意事项。

答案：错误

5. 问答题

（1）参与公司系统所承担电气工作的外单位或外来工作人员的教育培训应遵守哪些规定？

答案：参与公司系统所承担电气工作的外单位或外来工作人员应熟悉《安规》，经考试合格，并经设备运维管理单位认可，方可参加工作。工作前，设备运维管理单位应告知现场电气设备接线情况、危险点和安全注意事项。

4.5 任何人发现有违反本规程的情况，应<u>立即制止</u>，经<u>纠正</u>后才能恢复作业。各类作业人员有权拒绝<u>违章指挥和强令冒险作业</u>；在发现直接危及人身、电网和设备安全的紧急情况时，有权<u>停止作业</u>或者在采取可能的<u>紧急措施</u>后撤离作业场所，并立即报告。

【事故警示一】

2001 年 8 月 14 日，陕西某供电局送电工区拆除 110kV 渭三线废旧线路工作中，小组负责人违章指挥，未打临时拉线命令工作班成员登杆作业，该负责人在一人拒绝的情况下，与另一名工作人员登上电杆，剪线时电杆折断倾倒，造成两人死亡。

【事故警示二】

1986 年 12 月 6 日，陕西某供电局市区电力局在城北线改线工作中，作业人员严重违反起吊作业规定，冒险手抓吊车吊钩登杆时坠落轻伤。现场安全监管不力，未及时制止作业人员的违章行为是造成事故发生的重要原因。

【测试题】

1. 单选题

（1）任何人发现有违反《安规》的情况，应（　　），经纠正后才能恢复作业。

A. 立即汇报；B. 批评教育；C. 立即制止。

答案：C

（2）各类作业人员有权拒绝违章指挥和强令冒险作业；在发

现直接危及人身、电网和设备安全的紧急情况时，有权（　　　）或者在采取可能的紧急措施后撤离作业场所，并立即报告。

A. 停止作业；B. 撤离现场；C. 汇报上级。

答案：A

2. 多选题

（1）各类作业人员在发现直接危及人身、电网和设备安全的紧急情况时，有权（　　　），并立即报告。

A. 停止作业；B. 在采取可能的紧急措施后撤离作业场所；C. 结束工作票；D. 立即离开作业现场。

答案：AB

3. 填空题

（1）任何人发现有违反《安规》的情况，应（　　　），经（　　　）后才能恢复作业。

答案：立即制止；纠正

（2）各类作业人员有权拒绝（　　　）和（　　　）。

答案：违章指挥；强令冒险作业

（3）各类作业人员在发现直接危及人身、安全和电网安全的紧急情况时，有权（　　　）或者在采取可能的（　　　）后撤离作业场所，并立即报告。

答案：停止作业；紧急措施

4. 判断题

（1）任何人发现有违反《安规》的情况，应立即报告上级，经纠正后才能恢复作业。

答案：错误

4.6 在试验和推广新技术、新工艺、新设备、新材料的同时，应制定相应的<u>安全措施</u>，经<u>本单位</u>批准后执行。

【测试题】

1. 单选题

（1）在试验和推广新技术、新工艺、新设备、新材料的同时，应制定相应的（　　　），经本单位批准后执行。

A．安全措施；B．技术措施；C．组织措施。

答案：A

（2）在试验和推广新技术、新工艺、新设备、新材料的同时，应制定相应的安全措施，经（　　　）批准后执行。

A．上级领导；B．本单位分管生产领导（总工程师）；

C．本单位。

答案：C

5 保证安全的组织措施

> **本章要点**
>
> 本章主要内容为保证安全的组织措施，规定了现场勘察的组织和内容，工作票的填写、签发与使用，工作票所列人员的基本条件和安全责任，以及工作现场许可制度、监护制度、间断制度、终结和恢复送电制度的执行要求。

5.1 在电力线路上工作，保证安全的组织措施。

a）现场勘察制度。

b）工作票制度。

c）工作许可制度。

d）工作监护制度。

e）工作间断制度。

f）工作终结和恢复送电制度。

【事故警示】

2012 年 5 月 19 日，安徽某县供电公司根据计划，对 10kV 双褚线路 26 号杆进行真空断路器停电更换工作。农网改造外包工程队利用线路停电机会擅自在该线路 69 号杆池庙台区进行接电操作，现场未落实保证安全的组织措施，人员违章作业，造成触电，1 人死亡，1 人轻伤。

【测试题】

1. 问答题

（1）在电力线路上工作，保证安全的组织措施有哪些？

答案：现场勘察制度、工作票制度、工作许可制度、工作监护制度、工作间断制度、工作终结和恢复送电制度。

5.2 现场勘察制度。

5.2.1 进行电力线路**施工作业**、**工作票签发人**或**工作负责人**认为有必要现场勘察的**检修作业**，**施工**、**检修**单位均应根据工作任务组织现场勘察，并填写**现场勘察记录**（见附录 A）。现场勘察由**工作票签发人或工作负责人**组织。

【测试题】

1. 多选题

（1）进行电力线路施工作业、工作票签发人或工作负责人认为有必要现场勘察的检修作业，（　　）单位均应根据工作任务组织现场勘察，并填写现场勘察记录。

A. 施工；B. 运行；C. 检修。

答案：AC

2. 填空题

（1）进行电力线路施工作业、（　　）或（　　）认为有必要现场勘察的检修作业，施工、检修单位均应根据工作任务组织现场勘察，并填写现场勘察记录。

答案：工作票签发人；工作负责人

（2）进行电力线路（　　）作业、工作票签发人或工作负责人认为有必要现场勘察的（　　）作业，施工、检修单位均应根据工作任务组织现场勘察，并填写现场勘察记录。

答案：施工；检修

（3）进行电力线路施工作业、工作票签发人或工作负责人认为有必要现场勘察的检修作业，（　　）单位均应根据工作任务组织现场勘察，并填写（　　）。

答案：施工、检修；现场勘察记录

3. 判断题

（1）电力线路施工作业前的现场勘察由工作票签发人或工作

负责人组织。

答案：正确

5.2.2 现场勘察应查看现场施工（检修）作业**需要停电的范围**、**保留的带电部位**和**作业现场的条件**、**环境**及**其他危险点**等。

根据现场勘察结果，对**危险性、复杂性和困难程度较大**的作业项目，应编制**组织措施、技术措施、安全措施**，经**本单位**批准后执行。

【事故警示】

1998 年 12 月 14 日，陕西某县供电分局施工班在 10kV 县西线法院支线进行用户临时电源施工，因法院支线为该班新施工线路，就没有进行现场勘察，认为线路仍未供电，由潘某某带领 6 名临时工进行工作。当工作班成员益某某在法院支 10 号杆 T 接线工作时，骑坐在横担上作业，触及上部 1m 处的带电耐张线夹，触电死亡。

【测试题】

1. 单选题

（1）根据现场勘察结果，对危险性、复杂性和困难程度较大的电力线路施工（检修）作业项目，应编制组织措施、技术措施、安全措施，经（　　）批准后执行。

A. 班站长；B. 技术专责；C. 本单位。

答案：C

2. 填空题

（1）根据现场勘察结果，对（　　）、复杂性和（　　）较大的作业项目，应编制组织措施、技术措施、安全措施，经本单位批准后执行。

答案：危险性；困难程度

（2）根据现场勘察结果，对危险性、复杂性和困难程度较大的作业项目，应编制组织措施、（　　）措施、（　　）措施，经本单位批准后执行。

答案：技术；安全

3. 问答题

（1）电力线路施工（检修）作业前的现场勘察应查看哪些内容？

答案：现场勘察应查看现场施工（检修）作业需要停电的范围、保留的带电部位和作业现场的条件、环境及其他危险点等。

5.3 工作票制度。

5.3.1 在电力线路上工作，应按下列方式进行：

a）填用电力线路第一种工作票（见附录 B）。

b）填用电力电缆第一种工作票（见附录 C）。

c）填用电力线路第二种工作票（见附录 D）。

d）填用电力电缆第二种工作票（见附录 E）。

e）填用电力线路带电作业工作票（见附录 F）。

f）填用电力线路事故紧急抢修单（见附录 G）。

g）口头或电话命令。

【事故警示】

1999 年 7 月 25 日，陕西某供电局电气公司线路二班，在 10kV 雁十线水厂支 30 号杆处进行西安射击场第二电源 T 接线搭头工作。由于无票工作，供电站临时负责人误下操作指令停错支线开关，作业人员装设接地线未验电，带电挂地线触电死亡。

【测试题】

1. 问答题

（1）依照工作票制度，在电力线路上工作，应按哪些方式进行？

答案：填用电力线路第一种工作票；填用电力电缆第一种工作票；填用电力线路第二种工作票；填用电力电缆第二种工作票；填用电力线路带电作业票；填用电力线路事故紧急抢修单；口头或电话命令。

5.3.2　填用第一种工作票的工作为：

a）在停电的线路或同杆（塔）架设多回线路中的部分停电线路上的工作。

b）在停电的配电设备上的工作。

c）高压电力电缆需要停电的工作。

d）在直流线路停电时的工作。

e）在直流接地极线路或接地极上的工作。

【测试题】

1. 多选题

（1）以下哪些工作应填用电力线路第一种工作票。（　　　　）

A. 在停电的线路或同杆（塔）架设多回线路中的部分停电线路上的工作。

B. 在停电的配电设备上的工作。

C. 测量接地电阻。

答案：AB

2. 判断题

（1）在直流接地极线路或接地极上的工作应填用电力线路第一种工作票。

答案：正确

3. 问答题

（1）线路作业应填用第一种工作票的工作有哪些？

答案：在停电的线路或同杆（塔）架设多回线路中的部分停电线路上的工作；在停电的配电设备上的工作；高压电力电缆需要停电的工作；在直流线路停电时的工作；在直流接地极线路或接地极上的工作。

5.3.3　填用第二种工作票的工作为：

a）带电线路杆塔上且与带电导线最小安全距离不小于表 3 规定的工作。

b）在运行中的配电设备上的工作。

c）电力电缆不需要停电的工作。

d）直流线路上不需要停电的工作。

e）直流接地极线路上不需要停电的工作。

【事故警示】

2000 年 8 月 10 日，陕西某供电局相桥供电站工作人员对运行中的配电变压器低压计量箱进行带电检查时，人员电弧灼伤。单人无票工作是造成本次事故的原因之一。

【测试题】

1. 多选题

（1）下列哪些工作需填用电力线路第二种工作票？（   ）

A. 带电线路杆塔上且与带电导线最小安全距离不小于《安规》表 3 规定的工作；

B. 直流接地极线路上不需要停电的工作；

C. 在停电的配电设备上的工作；

D. 在运行中的配电设备上的工作。

答案：ABD

2. 问答题

（1）线路作业应填用第二种工作票的工作有哪些？

答案：带电线路杆塔上且与带电导线最小安全距离不小于《安规》表 3 规定的工作；在运行中的配电设备上的工作；电力电缆不需要停电的工作；直流线路上不需要停电的工作；直流接地极线路上不需要停电的工作。

5.3.4 填用带电作业工作票的工作为：

带电作业或与邻近带电设备距离小于表 3、大于表 5 规定的工作。

【事故警示】

2010 年 10 月 14 日，北京某供电公司带电班采用中间电位作业法处理 10kV 平疃路 34 支 10 号杆设备缺陷，作业过程中绝缘遮蔽措施不可靠，作业人员擅自摘掉绝缘手套，两手分别接触带电体(放电线夹带电部分)和接地体(中相立铁),形成放电回路,人身触电死亡。未使用带电作业工作票,相关组织措施、安全技术措施不能有效落实,是导致本次事故发生的重要原因。

【测试题】

1. 填空题

(1)填用电力线路带电作业工作票的工作为:(   )或与邻近带电设备距离小于《安规》表3、大于《安规》表5规定的工作。

答案:带电作业

5.3.5 填用事故紧急抢修单的工作为:

事故紧急抢修应填用工作票或事故紧急抢修单。

非连续进行的事故修复工作,应使用工作票。

【事故警示】

2006年4月17日,甘肃某供电公司进行10kV线路抢修,检查时发现,柱上油断路器跳闸,试合闸失败。工作负责人未办理事故应急抢修单,未做任何安全措施,即派贾某某上杆检查。由于线路远端发生断线,并与一条220V低压线搭接,贾某某在手握C相导线时触电,经抢救无效死亡。

【测试题】

1. 填空题

(1)非连续进行的事故修复工作,应使用(   )。

答案:工作票

2. 判断题

(1)事故紧急抢修应填用工作票或事故紧急抢修单。

答案:正确

(2)非连续进行的事故修复工作,可使用事故紧急抢修单。

答案:错误

5.3.6 按口头或电话命令执行的工作为:

a)测量接地电阻。

b）修剪树枝。

c）杆塔底部和基础等地面检查、消缺工作。

d）涂写杆塔号、安装标示牌等，工作地点在杆塔最下层导线以下，并能够保持表 4 安全距离的工作。

【测试题】

1. 填空题

（1）涂写杆塔号、安装标示牌等，工作地点在杆塔（　　　）导线以下，并能够保持《安规》表 4 安全距离的工作，可按（　　　）执行。

答案：最下层；口头或电话命令

2. 问答题

（1）在电力线路上工作，可按口头或电话命令执行的工作有哪些？

答案：① 测量接地电阻；② 修剪树枝；③ 杆塔底部和基础等地面检查、消缺工作；④ 涂写杆塔号、安装标示牌等，工作地点在杆塔最下层导线以下，并能够保持表 4 安全距离的工作。

5.3.7 工作票的填写与签发。

5.3.7.1 工作票应用黑色或蓝色的钢（水）笔或圆珠笔填写与签发，<u>一式两份</u>，内容应正确，填写应清楚，不得<u>任意涂改</u>。如有个别错、漏字需要修改时，应使用<u>规范的符号</u>，字迹应清楚。

【测试题】

1. 填空题

（1）工作票应用黑色或蓝色的钢（水）笔或圆珠笔填写与签发，（　　　），内容应正确，填写应清楚，不得（　　　）。

答案：一式两份；任意涂改

（2）工作票如有个别错、漏字需要修改时，应使用（　　　），字迹应清楚。

答案：规范的符号

5.3.7.2 用计算机生成或打印的工作票应使用统一的票面格式。

由<u>工作票签发人</u>审核无误，<u>手工或电子签名</u>后方可执行。

工作票一份交<u>工作负责人</u>，一份留存<u>工作票签发人或工作许可人</u>处。工作票应<u>提前</u>交给工作负责人。

【测试题】

1. 填空题

（1）工作票一份交工作负责人，一份留存（　　　）处。工作票应（　　　）交给工作负责人。

答案：工作票签发人或工作许可人；提前

（2）用计算机生成或打印的工作票应使用统一的票面格式。由（　　　）审核无误，手工或（　　　）签名后方可执行。

答案：工作票签发人；电子

5.3.7.3 一张工作票中，<u>工作票签发人</u>和<u>工作许可人</u>不得兼任<u>工作负责人</u>。

【测试题】

1. 填空题

（1）一张工作票中，（　　　）和（　　　）不得兼任工作负责人。

答案：工作票签发人；工作许可人

2. 判断题

（1）一张工作票中，工作票签发人不得兼任工作许可人。

答案：错误

5.3.7.4 工作票由<u>工作负责人</u>填写，也可由<u>工作票签发人</u>填写。

【事故警示】

8月11日，辽宁某电业局送电工区对66kV南石线81基杆安排带电登杆检查，检修二班技术员侯某分别填写好6张第二种工作票（工作票签发人为该班班长），所列安全距离严重错误（0.7m），作业人员未与设备带电部位保持足够安全距离（66kV，安全距离1.5m），触电坠落死亡。工作票填写人不符合规定是造成本次事故的原因之一。

【测试题】

1. 填空题

（1）工作票由工作负责人填写，也可由（　　）填写。

答案：工作票签发人

2. 判断题

（1）工作票只能由工作负责人填写。

答案：错误

5.3.7.5 工作票由**设备运维管理**单位签发，也可由经设备运维管理单位**审核合格且经批准**的**检修及基建**单位签发。检修及基建单位的工作票签发人、工作负责人名单应事先送有关**设备运维管理单位、调度控制中心**备案。

【测试题】

1. 填空题

（1）工作票由设备运维管理单位签发，也可经设备运维管理单位审核合格且经（　　）的检修及（　　）单位签发。

答案：批准；基建

（2）检修及基建单位的工作票签发人、工作负责人名单应事先送有关（　　）、（　　）备案。

答案：设备运维管理单位；调度控制中心

5.3.7.6 承发包工程中，工作票可实行"**双签发**"形式。签发工作票时，双方工作票签发人在工作票上分别签名，各自承担本规程工作票签发人**相应的安全责任**。

【测试题】

1. 填空题

（1）承发包工程中，工作票可实行"（　　）"形式。签发工作票时，双方工作票签发人在工作票上分别签名，各自承担本规程工作票签发人（　　）。

答案：双签发；相应的安全责任

5.3.8 工作票的使用。

5.3.8.1 第一种工作票，每张只能用于**一条线路**或**同一个电气连接部位的几条供电线路**或**同（联）杆塔架设且同时停送电**的几条线路。第二种工作票，对**同一电压等级**、**同类型工作**，可在数条线路上共用一张工作票。带电作业工作票，对**同一电压等级**、**同类型**、**相同安全措施且依次进行**的带电作业，可在数条线路上共用一张工作票。

在工作期间，工作票应始终保留在**工作负责人**手中。

【测试题】

1. 单选题

（1）电力线路第一种工作票，每张只能用于一条线路或（　　）电气连接部位的几条供电线路或同（联）杆塔架设且同时停送电的几条线路。

A. 不同；B. 同一；C. 临近。

答案：B

（2）电力线路第二种工作票，对（　　）、同类型工作，可在数条线路上共用一张工作票。

A. 相同安全措施；B. 同一电压等级；C. 相同检修时间。

答案：B

2. 填空题

（1）电力线路第一种工作票，每张只能用于一条线路或同一个电气连接部位的几条供电线路或（　　）且同时（　　）的几条线路。

答案：同（联）杆塔架设；停送电

（2）在工作期间，工作票应始终保留在（　　）手中。

答案：工作负责人

3. 判断题

（1）带电作业工作票，对同一电压等级、相同安全措施且依次进行的带电作业，可在数条线路上共用一张工作票。

答案：错误

5.3.8.2 一个工作负责人不能同时执行**多张**工作票。若一张工作票下设多个小组工作，每个小组应指定**小组负责人（监护人）**，并使用**工作任务单**（见附录 H）。

工作任务单**一式两份**，由**工作票签发人或工作负责人**签发，一份**工作负责人**留存，一份交**小组负责人**执行。工作任务单由**工作负责人**许可。工作结束后，由小组负责人交回工作任务单，向**工作负责人**办理工作结束手续。

【事故警示】

1998 年 11 月 24 日，陕西某供电局工程处对运行中的 35kV 商山线路升压改造为 110kV 线路。其中一组工作人员在未经许可、未验电、未装设接地线情况下，进行登杆作业，导致人身触电重伤。多小组工作未使用工作任务单是本次事故发生的原因之一。

【测试题】

1. 单选题

（1）一张工作票下设多个小组工作，工作任务单由（   ）许可。

A. 工作票签发人；B. 工作负责人；C. 工作许可人。

答案：B

（2）一张工作票下设多个小组工作，工作结束后，由小组负责人交回工作任务单，向（   ）办理工作结束手续。

A. 工作票签发人；B. 工作负责人；C. 工作许可人。

答案：B

（3）工作任务单一式两份，由工作票签发人或工作负责人签发，一份（   ）留存，一份交小组负责人执行。

A. 工作许可人；B. 工作负责人；C. 工作签发人。

答案：B

2. 填空题

（1）工作任务单一式两份，由（   ）或（   ）签发，一份工作负责人留存，一份交小组负责人执行。

答案：工作票签发人；工作负责人

3. 判断题

（1）一个工作负责人可以同时执行多张工作票。

答案：错误

（2）若一张工作票下设多个小组工作，每个小组应指定小组负责人（监护人），并使用工作任务单。

答案：正确

5.3.8.3 一回线路检修（施工），其<u>邻近或交叉</u>的其他电力线路需进行配合停电和接地时，应在工作票中列入<u>相应的安全措施</u>。若配合停电线路属于其他单位，应由检修（施工）单位事先<u>书面申请</u>，经配合线路的<u>设备运维管理单位</u>同意并实施停电、接地。

【测试题】

1. 填空题

（1）一回线路检修（施工），其（　　）或交叉的其他电力线路需进行配合停电和接地时，应在工作票中列入（　　）。

答案：邻近；相应的安全措施

（2）若配合停电线路属于其他单位，应由检修（施工）单位事先（　　），经配合线路的（　　）同意并实施停电、接地。

答案：书面申请；设备运维管理单位

5.3.8.4 <u>一条线路分区段工作</u>，若填用一张工作票，经<u>工作票签发人</u>同意，在线路检修状态下，由工作班自行装设的接地线等安全措施可<u>分段执行</u>。工作票中应填写清楚使用的接地线<u>编号、装拆时间、位置等随工作区段转移情况</u>。

【测试题】

1. 多选题

（1）一条线路分区段工作，若填用一张工作票，经工作票签发人同意，在线路检修状态下，由工作班自行装设的接地线等安全措施可分段执行。工作票中应填写清楚使用的接地线（　　）

等随工作区段转移情况。

A. 编号；B. 装设时间；C. 拆除时间；D. 位置。

答案：ABCD

2. 填空题

（1）一条线路分区段工作，若填用一张工作票，经（　　）同意，在线路检修状态下，由工作班自行装设的接地线等安全措施可（　　）执行。

答案：工作票签发人；分段

5.3.8.5 持线路或电缆工作票进入<u>变电站或发电厂升压站</u>进行架空线路、电缆等工作，应<u>增填</u>工作票份数，由<u>变电站或发电厂</u>工作许可人许可，并留存。

上述单位的<u>工作票签发人和工作负责人名单</u>应事先送有关运维管理单位备案。

【测试题】

1. 填空题

（1）持线路或电缆工作票进入变电站或发电厂升压站进行架空线路、电缆等工作，应（　　）工作票份数，由变电站或发电厂（　　）许可，并留存。

答案：增填；工作许可人

（2）持线路或电缆工作票进入（　　）或发电厂升压站进行架空线路、电缆等工作单位的工作票签发人和（　　）名单应事先送有关运维管理单位备案。

答案：变电站；工作负责人

5.3.9 工作票的有效期与延期。

5.3.9.1 第一、二种工作票和带电作业工作票的有效时间，以<u>批准的检修期</u>为限。

【测试题】

1. 单选题

（1）第一、二种工作票和带电作业工作票的有效时间，以

（　　　）的检修期为限。

A. 计划；B. 批准；C. 实际。

答案：B

5.3.9.2　第一种工作票需办理延期手续，应在<u>有效时间尚未结束</u>以前由<u>工作负责人</u>向<u>工作许可人</u>提出申请，经同意后给予办理。

第二种工作票需办理延期手续，应在<u>有效时间尚未结束</u>以前由<u>工作负责人</u>向<u>工作票签发人</u>提出申请，经同意后给予办理。第一、二种工作票的延期只能<u>办理一次</u>。带电作业工作票<u>不准延期</u>。

【测试题】

1. 填空题

（1）电力线路第一种工作票需办理延期手续，应在有效时间（　　　）以前由工作负责人向（　　　）提出申请，经同意后给予办理。

答案：尚未结束；工作许可人

（2）电力线路第二种工作票需办理延期手续，应在有效时间（　　　）以前由工作负责人向（　　　）提出申请，经同意后给予办理。

答案：尚未结束；工作票签发人

2. 判断题

（1）第一、二种工作票的延期可以办理多次。

答案：错误

（2）带电作业工作票不准延期。

答案：正确

5.3.10　工作票所列人员的基本条件。

5.3.10.1　工作票签发人应由熟悉<u>人员技术水平</u>、熟悉<u>设备情况</u>、熟悉<u>本规程</u>，并具有<u>相关工作经验</u>的生产领导人、技术人员或经本单位批准的人员担任。工作票签发人名单应<u>公布</u>。

【测试题】

1. 填空题

（1）工作票签发人应由熟悉人员技术水平、熟悉（　　　）、熟悉本规程，并具有（   ）的生产领导人、技术人员或经本单位批准的人员担任。

答案：设备情况；相关工作经验

2. 问答题

（1）工作票签发人任职基本条件有何规定？

答案：工作票签发人应由熟悉人员技术水平、熟悉设备情况、熟悉本规程，并具有相关工作经验的生产领导人、技术人员或经本单位批准的人员担任。工作票签发人名单应公布。

5.3.10.2 工作负责人（监护人）、工作许可人应由有<u>一定工作经验</u>、熟悉<u>本规程</u>、熟悉<u>工作范围内的设备情况</u>，并经<u>工区（车间，下同）批准</u>的人员担任。工作负责人还应熟悉<u>工作班成员的工作能力</u>。

用户变、配电站的工作许可人应是持<u>有效证书</u>的高压电气工作人员。

【事故警示】

8月11日，辽宁某电业局送电工区安排对66kV南石线81基杆进行带电登杆检查，现场工作负责人指定仓库管理员靳某担任小组负责人，作业人员未与设备带电部位保持足够安全距离，触电坠落死亡。小组工作负责人不符合任职资格，是造成本次事故的重要原因。

【测试题】

1. 多选题

（1）工作许可人应由（   ），并经工区（车间，下同）批准的人员担任。

A. 有一定工作经验；

B. 熟悉电力安全工作规程；

C. 熟悉工作范围内的设备情况；

D. 熟悉工作班成员的工作能力。

答案：ABC

2. 填空题

（1）工作负责人（监护人）、工作许可人应由有一定工作经验、熟悉本规程、熟悉工作范围内的（　　），并经工区（车间，下同）批准的人员担任。工作负责人还应熟悉工作班成员的（　　）。

答案：设备情况；工作能力

（2）用户变、配电站的工作许可人应是持（　　）的高压电气工作人员。

答案：有效证书

3. 问答题

（1）工作负责人（监护人）、工作许可人任职基本条件有何规定？

答案：工作负责人（监护人）、工作许可人应由有一定工作经验、熟悉《安规》、熟悉工作范围内的设备情况，并经工区（车间，下同）批准的人员担任。工作负责人还应熟悉工作班成员的工作能力。用户变、配电站的工作许可人应是持有效证书的高压电气工作人员。

5.3.10.3 专责监护人应是具有相关<u>工作经验</u>，熟悉**设备情况**和**本规程**的人员。

【测试题】

1. 多选题

（1）专责监护人应是（　　）的人员。

A. 具有相关工作经验；B. 熟悉人员工作能力；

C. 熟悉设备情况；D. 熟悉《安规》。

答案：ACD

5.3.11 工作票所列人员的安全责任。

5.3.11.1 <u>工作票签发人</u>：

a）确认工作必要性和安全性。

b）确认工作票上所填安全措施是否正确完备。

c）确认所派工作负责人和工作班人员是否适当和充足。

【事故警示】

8 月 11 日，辽宁某电业局送电工区安排对 66kV 南石线 81 基杆进行带电登杆检查，检修二班技术员候某分别填写好 6 张第二种工作票，所列安全距离严重错误（0.7m），作业人员未与设备带电部位保持足够安全距离（66kV，安全距离 1.5m），触电坠落死亡。工作票签发人对工作票审核不严，所列安全距离严重错误未得到纠正，是造成本次事故的原因之一。

【测试题】

1. 多选题

（1）下列哪些属于工作票签发人的安全责任？（   ）

A. 确认工作必要性和安全性；

B. 确认工作票上所填安全措施是否正确完备；

C. 确认所派工作负责人和工作班人员是否适当和充足；

D. 保证其负责的线路停、送电和许可工作的命令正确。

答案：ABC

2. 问答题

（1）工作票签发人的安全责任有哪些？

答案：确认工作必要性和安全性；确认工作票上所填安全措施是否正确完备；确认所派工作负责人和工作班人员是否适当和充足。

5.3.11.2 工作负责人（监护人）：

a）正确组织工作。

b）检查工作票所列安全措施是否正确完备，是否符合现场实际条件，必要时予以补充完善。

c）工作前，对工作班成员进行工作任务、安全措施、技术措施交底和危险点告知，并确认每个工作班成员都已签名。

d）组织执行工作票所列安全措施。

e）监督工作班成员遵守本规程、正确使用劳动防护用品和安全工器具以及执行现场安全措施。

f）关注工作班成员身体状况和精神状态是否出现异常迹象，人员变动是否合适。

【事故警示一】

1992 年 4 月 13 日，黑龙江某 110kV 线路停电更换架空地线工作结束，工作负责人霍某某在现场只有一名司机、无人监护的情况下，上到 110kV 导线拆除该导线上设置的跨越 10kV 线路防护网，沿软梯下来时，脚部触及 10kV 带电导线，坠落地面致重伤。

【事故警示二】

1999 年 12 月 11 日，陕西某电力局对 10kV 城温线进行改造。工作负责人在组织工作过程中，违章指挥，随意扩大工作范围，在同杆塔架设的下层线路带电情况下，对上层停电线路进行放、撤导线的工作，造成作业人员触电灼伤。

【事故警示三】

2006 年 4 月 10 日，甘肃某供电公司麻沿供电所按计划进行杜河台区 0.4kV 农网改造施工。工作负责人和工作班成员互换角色，安全职责不清，工作负责人登杆过程中失去安全带保护，高处坠落死亡。

【测试题】

1. 填空题

（1）工作负责人负责检查工作票所列安全措施是否（　　），是否符合（　　），必要时予以补充完善。

答案：正确完备；现场实际条件

（2）工作负责人工作前应对工作班成员进行（　　）、安全措施、（　　）交底和危险点告知，并确认每个工作班成员都已签名。

答案：工作任务；技术措施

（3）工作负责人应监督工作班成员遵守《安规》、正确使用（　　）和安全工器具以及执行（　　）。

答案：劳动防护用品；现场安全措施

2. 问答题

（1）工作负责人的安全责任有哪些？

答案：a）正确组织工作。

b）检查工作票所列安全措施是否正确完备，是否符合现场实际条件，必要时予以补充完善。

c）工作前，对工作班成员进行工作任务、安全措施、技术措施交底和危险点告知，并确认每个工作班成员都已签名。

d）组织执行工作票所列安全措施。

e）监督工作班成员遵守本规程、正确使用劳动防护用品和安全工器具以及执行现场安全措施。

f）关注工作班成员身体状况和精神状态是否出现异常迹象，人员变动是否合适。

5.3.11.3 工作许可人：

a）审票时，确认工作票所列安全措施是否正确完备，对工作票所列内容发生疑问时，应向工作票签发人询问清楚，必要时予以补充。

b）保证由其负责的停、送电和许可工作的命令正确。

c）确认由其负责的安全措施正确实施。

【事故警示】

1999 年 7 月 25 日，陕西某供电局电气公司线路二班，在 10kV 雁十线水厂支 30 号杆处进行西安射击场第二电源 T 接线搭头工作。供电站临时负责人误下操作指令，停错支线开关，作业人员在感觉线路有电时，工作许可人在未核实情况下说"开关已拉开，不可能有电"，致使作业人员再次登杆，带电挂地线触电死亡。

【测试题】

1. 单选题

（1）下列哪一项不属于工作许可人的安全责任？（   ）

A. 审票时，确认工作票所列安全措施是否正确完备，对工作票所列内容发生疑问时，应向工作票签发人询问清楚，必要时予以补充。

B. 正确组织工作。

C. 保证由其负责的停、送电和许可工作的命令正确。

D. 确认由其负责的安全措施正确实施。

答案：B

2. 判断题

（1）工作负责人保证由其负责的停、送电和许可工作的命令正确。

答案：错误

（2）工作许可人应确认由其负责的安全措施正确实施。

答案：正确

3. 问答题

（1）工作许可人的安全责任有哪些？

答案：a）审票时，确认工作票所列安全措施是否正确完备，对工作票所列内容发生疑问时，应向工作票签发人询问清楚，必要时予以补充。

b）保证由其负责的停、送电和许可工作的命令正确。

c）确认由其负责的安全措施正确实施。

5.3.11.4 专责监护人：

a）确认被监护人员和监护范围。

b）工作前，对被监护人员交代监护范围内的安全措施、告知危险点和安全注意事项。

c）监督被监护人员遵守本规程和执行现场安全措施，及时纠正被监护人员的不安全行为。

【事故警示】

1979 年 10 月 9 日，湖北某承包单位在某 110kV 线路刷漆防腐工作中，专责监护人监护不到位，塔上作业人员陈某某从中相跳线与塔身之间穿过时造成触电并坠落，抢救无效死亡。

【测试题】

1. 多选题

（1）下列哪些是专责监护人的安全责任？（   ）

A. 确认被监护人员和监护范围。

B. 工作前，对被监护人员交代监护范围内的安全措施、告知危险点和安全注意事项。

C. 监督被监护人员遵守本规程和执行现场安全措施，及时纠正被监护人员的不安全行为。

D. 组织执行工作票所列安全措施。

答案：ABC

2. 填空题

（1）专责监护人工作前对被监护人员交代监护范围内的（   ）、告知危险点和（   ）。

答案：安全措施；安全注意事项

（2）专责监护人应确认（   ）和（   ）。

答案：被监护人员；监护范围

3. 问答题

（1）专责监护人的安全责任有哪些？

答案：a）确认被监护人员和监护范围。

b）工作前，对被监护人员交代监护范围内的安全措施、告知危险点和安全注意事项。

c）监督被监护人员遵守本规程和执行现场安全措施，及时纠正被监护人员的不安全行为。

5.3.11.5 工作班成员：

a）熟悉工作内容、工作流程，掌握安全措施，明确工作中的危险点，并在工作票上履行交底签名确认手续。

b）服从工作负责人（监护人）、专责监护人的指挥，严格遵守本规程和劳动纪律，在确定的作业范围内工作，对自己在工作中的行为负责，互相关心工作安全。

c）正确使用施工机具、安全工器具和劳动防护用品。

【事故警示一】

2005年4月25日，咸阳宝迪电器有限公司在承包陕西某供电局市区电力局10kV华山大街支线路改造工程中，工作人员李××在未得到工作负责人许可的情况下，擅自爬上挂有"禁止攀登，高压危险"标示牌的11号杆，搭接老城线11号杆T接华山支线引流线，造成触电死亡。

【事故警示二】

1998年7月30日，陕西某供电局斗门供电站对10kV沣西线缺陷进行处理，作业人员在登杆移位时，脚扣使用方法不当脱落，高空坠落，造成人员胸椎挫伤。作业人员未能正确使用安全工器具和劳动防护用品是事故发生的直接原因。

【测试题】

1. 填空题

（1）工作班成员应熟悉工作内容、工作流程，掌握安全措施，明确工作中的（　　），并在工作票上履行（　　）确认手续。

答案：危险点；交底签名

（2）工作班成员应服从工作负责人（监护人）、专责监护人的指挥，严格遵守本规程和（　　），在确定的作业范围内工作，对自己在工作中的（　　）负责，互相关心工作安全。

答案：劳动纪律；行为

（3）工作班成员应正确使用（　　）、安全工器具和（　　）。

答案：施工机具；劳动防护用品

2. 问答题

（1）工作班成员的安全职责有哪些？

答案：a）熟悉工作内容、工作流程，掌握安全措施，明确工作中的危险点，并在工作票上履行交底签名确认手续。

b）服从工作负责人（监护人）、专责监护人的指挥，严格遵守本规程和劳动纪律，在确定的作业范围内工作，对自己在工作中的行为负责，互相关心工作安全。

c）正确使用施工机具、安全工器具和劳动防护用品。

5.4 工作许可制度。

5.4.1 填用第一种工作票进行工作，工作负责人应在得到<u>全部工作许可人</u>的许可后，方可开始工作。

【事故警示】

2000 年 7 月 16 日，湖北某农村 10kV 线路某分支线 18 号杆 A 相绝缘子被雷击，导线断落。17 日供电所主任龚某某（工作负责人）带领李某某等三人处理故障，到达现场后，工作负责人未找到村电工办理工作许可手续，就安排李某某登上分支 15 号杆进行验电接地。李某某身体位于杆上两低压线中间，对 10kV 线路验电接地时，低压线突然来电，触电死亡。来电原因是村电工为解决村茶厂用电问题，对断线做了临时处理后，推上了该分支线丝具。

【测试题】

1. 单选题

（1）填用电力线路第一种工作票进行工作，工作负责人应在得到（　　）的许可后，方可开始工作。

A. 值班调控人员；B. 线路运维人员；C. 全部工作许可人。

答案：C

5.4.2 线路停电检修,工作许可人应在线路<u>可能受电的各方面(含变电站、发电厂、环网线路、分支线路、用户线路和配合停电的线路）</u>都<u>已停电</u>，并挂好<u>操作接地线</u>后，方能发出许可工作的命令。

值班调控人员或运维人员在向工作负责人发出许可工作的命令前，应将<u>工作班组名称、数目、工作负责人姓名、工作地点和工作任务</u>做好记录。

【测试题】

1. 填空题

（1）线路停电检修，工作许可人应在线路可能受电的各方面都（　　　　），并挂好（　　　　）后，方能发出许可工作的命令。

答案：已停电；操作接地线

（2）值班调控人员或运维人员在向工作负责人发出许可工作的命令前，应将工作班组名称、数目、（　　　　）姓名、工作地点和（　　　　）做好记录。

答案：工作负责人；工作任务

2. 判断题

（1）线路停电检修，工作许可人应在线路可能受电的各方面（含变电站、发电厂、环网线路、分支线路、用户线路和配合停电的线路）都已停电后，方能发出许可工作的命令。

答案：错误

5.4.3 许可开始工作的命令，应通知<u>工作负责人</u>。其<u>方法</u>可采用：

a）当面通知。

b）电话下达。

c）派人送达。

电话下达时，工作许可人及工作负责人应<u>记录清楚明确</u>，并<u>复诵核对无误</u>。对直接在现场许可的停电工作，工作许可人和工作负责人应在工作票上记录<u>许可时间</u>，并<u>签名</u>。

【测试题】

1. 填空题

（1）电话下达许可开工的命令时，工作许可人及工作负责人应记录清楚明确，并（　　　　）。

答案：复诵核对无误

（2）对直接在现场许可的停电工作，工作许可人和工作负责人应在工作票上记录（　　　　），并签名。

答案：许可时间

（3）下达许可开始工作的命令，应通知（　　）。其方法可采用：当面通知、（　　）、派人送达。

答案：工作负责人；电话下达

2. 判断题

（1）电话下达许可开始工作的命令时，工作许可人及工作负责人应记录清楚明确并复诵核对无误。

答案：正确

5.4.4　若停电线路作业还涉及其他单位配合停电的线路，工作负责人应在得到指定的**配合停电设备运维管理单位联系人**通知这些线路已**停电和接地**，并履行**工作许可书面手续**后，才可开始工作。

【测试题】

1. 填空题

（1）若停电线路作业还涉及其他单位配合停电的线路，工作负责人应在得到指定的配合停电（　　）单位联系人通知这些线路已停电和接地，并履行（　　）书面手续后，才可开始工作。

答案：设备运维管理；工作许可

2. 判断题

（1）若停电线路作业还涉及其他单位配合停电的线路，工作负责人应在得到指定的配合停电设备运维管理单位联系人通知这些线路已停电，并履行工作许可书面手续后才可开始工作。

答案：错误

5.4.5　禁止约时停、送电。

【事故警示】

2000 年 11 月 1～2 日，某电力局施工班在 10kV 公网 I 线 1～7 号电缆分支箱进行用户电缆端头接入工作。2 日，工作负责人顾某某于 8 时、17 时两次当面口头通知用户配电室负责人，该厂配电室进线柜将在 19:00～19:30 左右试送电。16～17 时，施工班工作结束。与此同时，该电力局下属某多经企业调试班也在该用户处对 10kV 开关进行保护调试和高压试验。19:30，施工班按照约定时间联系给线路送电，此时，调试班技术员孙某正在核查 TA 回路，突然来电，触电烧伤。

【测试题】

1. 判断题

（1）禁止约时停、送电。

答案：正确

5.4.6 填用<u>电力线路第二种工作票</u>时，不需要履行<u>工作许可手续</u>。

【测试题】

1. 单选题

（1）填用（　　）工作票时，不需要履行工作许可手续。

A. 电力线路第一种；B. 电力线路第二种；C. 带电作业。

答案：B

5.5 工作监护制度。

5.5.1 工作许可手续完成后，工作负责人、专责监护人应向工作班成员交代<u>工作内容、人员分工、带电部位和现场安全措施</u>、进行<u>危险点告知</u>，并履行<u>确认手续</u>，<u>装完工作接地线</u>后，工作班方可开始工作。工作负责人、专责监护人应<u>始终</u>在工作现场。

【事故警示一】

1991 年 10 月 12 日，某电力局某供电站在 10kV 坡头线桥陵支线停电检修清扫绝缘子时，工作负责人曹某某提前发了工作任务分工单，并要求到坡头线 46 号杆下集中。农电工郭某某在工作负责人未宣布开工情况下，即骑摩托车直接到分配的工作地点，登上未停电的桥陵支线 8 号杆工作，造成触电坠落。

【测试题】

1. 多选题

（1）工作许可手续完成后，工作负责人、专责监护人应向工作班成员交代（　　），进行危险点告知，并履行确认手续，装完工作接地线后，工作班方可开始工作。

A. 工作内容；B. 人员分工；C. 带电部位；D. 现场安全措施。

答案：ABCD

2. 填空题

（1）工作负责人、专责监护人应（　　　）在工作现场。

答案：始终

5.5.2 <u>工作票签发人</u>或<u>工作负责人</u>对有<u>触电危险、施工复杂容易发生事故</u>的工作，应增设<u>专责监护人</u>和确定<u>被监护的人员</u>。

专责监护人<u>不准兼做</u>其他工作。专责监护人临时离开时，应通知被监护人员<u>停止工作</u>或<u>离开工作现场</u>，待专责监护人回来后方可恢复工作。若专责监护人必须长时间离开工作现场时，应由<u>工作负责人</u>变更专责监护人，<u>履行变更手续</u>，并告知<u>全体被监护人员</u>。

【事故警示】

2009 年 6 月 25 日，辽宁某供电公司送电工区带电班在 66kV 木瓦线 56 号塔进行安装防绕击避雷针作业中，安装机出现异常，工作负责人杨某某指定王某作临时监护人，随即登塔查看安装机异常原因。在对安装机进行调试过程中，专责监护人王某擅自登塔，发生 A 相引流线对人体放电，由 19m 高处坠落地面，经抢救无效死亡。

【测试题】

1. 单选题

（1）若专责监护人必须长时间离开工作现场时，应由（　　　）变更专责监护人，履行变更手续，并告知全体被监护人员。

A. 工作票签发人；B. 工作负责人；C. 小组负责人。

答案：B

2. 多选题

（1）现场工作，（　　　）对有触电危险、施工复杂容易发生事故的工作，应增设专责监护人和确定被监护的人员。

A. 工作票签发人；B. 工作许可人；C. 小组负责人；D. 工作负责人。

答案：AD

3. 填空题

（1）专责监护人临时离开工作现场时，应通知被监护人员（   ）或（   ），待专责监护人回来后方可恢复工作。

答案：停止工作；离开工作现场

（2）若专责监护人必须长时间离开工作现场时，应由工作负责人变更专责监护人，履行（   ），并告知（   ）人员。

答案：变更手续；全体被监护

4. 判断题

（1）专责监护人不准兼做其他工作。

答案：正确

5. 问答题

（1）专责监护人需离开工作现场时，应遵守哪些规定？

答案：专责监护人临时离开时，应通知被监护人员停止工作或离开工作现场，待专责监护人回来后方可恢复工作。若专责监护人必须长时间离开工作现场时，应由工作负责人变更专责监护人，履行变更手续，并告知全体被监护人员。

5.5.3 工作期间，工作负责人若因故暂时离开工作现场时，应指定<u>能胜任的人员</u>临时代替，离开前应将<u>工作现场</u>交代清楚，并告知<u>工作班成员</u>。原工作负责人返回工作现场时，也应履行<u>同样的交接手续</u>。

若工作负责人必须长时间离开工作现场时，应由<u>原工作票签发人</u>变更工作负责人，履行<u>变更手续</u>，并告知<u>全体作业人员及工作许可人</u>。原、现工作负责人应做好<u>必要的交接</u>。

【测试题】

1. 单选题

（1）若工作负责人必须长时间离开工作的现场时，应由

（　　　）变更工作负责人，履行变更手续，并告知全体作业人员及工作许可人。

A. 工作票签发人；B. 原工作票签发人；C. 工作许可人。

答案：B

2. 填空题

（1）若工作负责人必须长时间离开工作的现场时，应由原工作票签发人变更工作负责人，履行（　　　），并告知全体作业人员及（　　　）。原、现工作负责人应做好必要的交接。

答案：变更手续；工作许可人

（2）工作期间，工作负责人若因故暂时离开工作现场时，应指定能胜任的人员临时代替，离开前应将（　　　）交代清楚，并告知（　　　）。原工作负责人返回工作现场时，也应履行同样的交接手续。

答案：工作现场；工作班成员

3. 问答题

（1）工作负责人需离开工作现场时，应遵守哪些规定？

答案：工作期间，工作负责人若因故暂时离开工作现场时，应指定能胜任的人员临时代替，离开前应将工作现场交代清楚，并告知工作班成员。原工作负责人返回工作现场时，也应履行同样的交接手续。

若工作负责人必须长时间离开工作现场时，应由原工作票签发人变更工作负责人，履行变更手续，并告知全体作业人员及工作许可人。原、现工作负责人应做好必要的交接。

5.6　工作间断制度。

5.6.1　在工作中遇雷、雨、大风或其他任何情况威胁到作业人员的安全时，**工作负责人**或**专责监护人**可根据情况，临时停止工作。

【测试题】

1. 多选题

（1）在工作中遇雷、雨、大风或其他任何情况威胁到作业人员的安全时，（   ）可根据情况，临时停止工作。

A. 工作负责人； B. 工作许可人； C. 专责监护人。

答案：AC

5.6.2 白天工作间断时，工作地点的全部接地线仍<u>保留不动</u>。如果工作班需暂时离开工作地点，则应采取<u>安全措施和派人看守</u>，不让人、畜接近<u>挖好的基坑</u>或<u>未竖立稳固的杆塔</u>以及<u>负载的起重和牵引机械装置</u>等。恢复工作前，应检查<u>接地线</u>等各项安全措施的完整性。

【测试题】

1. 多选题

（1）白天工作间断时，如果工作班需暂时离开工作地点，则应采取安全措施和派人看守，不让人、畜接近（   ）等。

A. 挖好的基坑； B. 未竖立稳固的杆塔； C. 负载的起重和牵引机械装置； D. 工作地点。

答案：ABC

2. 填空题

（1）白天工作间断时，恢复工作前，应检查（   ）等各项安全措施的完整性。

答案：接地线

（2）如果工作班需暂时离开工作地点，则应采取安全措施和（   ），不让人、畜接近挖好的（   ）或未竖立稳固的杆塔以及负载的起重和牵引机械装置等。

答案：派人看守；基坑

（3）白天工作间断时，工作地点的全部接地线仍（   ）。

答案：保留不动

5.6.3 填用数日内工作有效的第一种工作票，每日收工时如果将工作地点所装的接地线拆除，次日恢复工作前应<u>重新验电挂接地线</u>。

如果经调度允许的连续停电、夜间不送电的线路，工作地点的接地线可以不拆除，但次日恢复工作前应派人**检查**。

【测试题】

1．填空题

（1）填用数日内工作有效的第一种工作票，每日收工时如果将工作地点所装的接地线拆除，次日恢复工作前应（　　　　）。

答案：重新验电挂接地线

2．判断题

（1）如果经调度允许的连续停电、夜间不送电的线路，工作地点的接地线可以不拆除，但次日恢复工作前应派人检查。

答案：正确

5.7　工作终结和恢复送电制度。

5.7.1　完工后，工作负责人（包括小组负责人）应检查线路检修地段的状况，确认在<u>杆塔上、导线上、绝缘子串上</u>及其他<u>辅助设备上</u>没有遗留的<u>个人保安线、工具、材料</u>等，查明<u>全部作业人员确由杆塔上撤下</u>后，再命令拆除工作地段所挂的接地线。接地线拆除后，应即认为<u>线路带电</u>，不准任何人再登杆进行工作。

多个小组工作，工作负责人应得到<u>所有小组负责人</u>工作结束的汇报。

【事故警示】

1999 年 12 月 17 日，陕西某供电局市区局保线站进行 10kV茂公Ⅱ线路渭阳支 53 号杆配电变压器架设、更换防洪渠西南支丝具为真空断路器工作。工作负责人在未得到所有小组负责人工作结束的汇报，工作班成员未全部离开工作现场情况下，即向工作许可人汇报工作全部结束，造成作业人员触电轻伤。

【测试题】

1．填空题

（1）完工后，工作负责人（包括小组负责人）应检查线路检修地段的状况，确认在杆塔上、导线上、绝缘子串上及其他辅助设备上没有遗留的（　　　）、工具、材料等，查明（　　　）确由杆塔上撤下后，再命令拆除工作地段所挂的接地线。

答案：个人保安线；全部作业人员

（2）接地线拆除后，应即认为（　　　），不准任何人再登杆进行工作。

答案：线路带电

（3）多个小组工作，工作负责人应得到（　　　）工作结束的汇报。

答案：所有小组负责人

2. 问答题

（1）完工后，工作负责人（包括小组负责人）应进行哪些检查后，方可命令拆除工作地段所挂的接地线？

答：完工后，工作负责人（包括小组负责人）应检查线路检修地段的状况，确认在杆塔上、导线上、绝缘子串上及其他辅助设备上没有遗留的个人保安线、工具、材料等，查明全部作业人员确由杆塔上撤下后，再命令拆除工作地段所挂的接地线。

5.7.2 工作终结后，<u>工作负责人</u>应及时报告<u>工作许可人</u>，报告<u>方法</u>如下：

a）当面报告。

b）用电话报告并经复诵无误。

若有其他单位配合停电线路，还应及时通知指定的配合停电设备运维管理单位联系人。

【测试题】

1. 单选题

（1）下列哪项不属于工作终结后工作负责人向工作许可人报告的方法。（　　　）

A. 派人送达；B. 当面报告；C. 用电话报告并经复诵无误。

答案：A

2. 填空题

（1）工作终结后，工作负责人应及时报告（　　）。若有其他单位配合停电线路，还应及时通知指定的配合停电设备运维管理单位（　　）。

答案：工作许可人；联系人

5.7.3　工作终结的报告应简明扼要，并包括下列内容：<u>工作负责人姓名，某线路上某处（说明起止杆塔号、分支线名称等）工作已经完工，设备改动情况，工作地点所挂的接地线、个人保安线已全部拆除，线路上已无本班组作业人员和遗留物，可以送电。</u>

【测试题】

1. 问答题

（1）工作终结报告应包含哪些内容？

答案：工作终结的报告应简明扼要，并包括下列内容：工作负责人姓名，某线路上某处（说明起止杆塔号、分支线名称等）工作已经完工，设备改动情况，工作地点所挂的接地线、个人保安线已全部拆除，线路上已无本班组作业人员和遗留物，可以送电。

5.7.4　工作许可人在接到<u>所有工作负责人（包括用户）</u>的完工报告，并确认<u>全部工作已经完毕，所有作业人员已由线路上撤离，接地线已经全部拆除，与记录核对无误并做好记录</u>后，方可下令拆除<u>安全措施</u>，向线路恢复送电。

【事故警示】

2003 年 1 月 9 日，陕西某供电局市区电力局对 10kV 杜桥 3 号开闭所线路进行停电消缺工作。工作结束后，现场工作许可人未拆除线路操作接地线即汇报工作结束，造成带地线合闸。

【测试题】

1. 多选题

（1）工作许可人在接到所有工作负责人（包括用户）的完工报告，并确认（　　）后，方可下令拆除安全措施，向线路恢复送电。

　　A. 全部工作已经完毕；B. 所有作业人员已由线路上撤离；
C. 接地线已经全部拆除；D. 与记录核对无误并做好记录。

　　答案：ABCD

5.7.5 已终结的工作票、事故紧急抢修单、工作任务单应保存一年。

【测试题】

1. 单选题

（1）已终结的工作票、事故紧急抢修单、工作任务单应保存
（　　）。

　　A. 半年；B. 一年；C. 两年。

　　答案：B

6 保证安全的技术措施

> **本章要点**
> 本章主要内容为保证安全的技术措施。对在电力线路上工作，规定了停电、验电、接地、使用个人保安线、悬挂标示牌和装设遮栏（围栏）等安全技术措施的执行要求、操作方法、注意事项。

6.1 <u>在电力线路上工作，保证安全的技术措施</u>。

a）停电。

b）验电。

c）接地。

d）使用个人保安线。

e）悬挂标示牌和装设遮栏（围栏）。

【事故警示】

1998 年 11 月 24 日，陕西某供电局工程处进行 35kV 商山线升压改造，办理了电力线路第一种工作票，下设三个小组进行工作，未办理工作任务单。第三小组负责人张某某在未得到工作负责人许可，线路仍未停电的情况下，未验电、未挂接地线，指挥工作人员登上 97 号杆进行工作。在吊绝缘子串时，吊绳碰到带电导线上引起电弧，烧伤了在横担上的王某的双手和左脚。

【测试题】

1. 问答题

（1）在电力线路上工作，保证安全的技术措施有哪些？

答案：停电；验电；接地；使用个人保安线；悬挂标示牌和

装设遮栏（围栏）。

6.2 停电。

6.2.1 进行线路停电作业前，应做好下列**安全措施**：

a）断开发电厂、变电站、换流站、开闭所、配电站（所）（包括用户设备）等线路断路器（开关）和隔离开关（刀闸）。

b）断开线路上需要操作的各端（含分支）断路器（开关）、隔离开关（刀闸）和熔断器。

c）断开危及该线路停电作业，且不能采取相应安全措施的交叉跨越、平行和同杆架设线路（包括用户线路）的断路器（开关）、隔离开关（刀闸）和熔断器。

d）断开可能反送电的低压电源的断路器（开关）、隔离开关（刀闸）和熔断器。

【事故警示】

1982 年 3 月 19 日，陕西某供电局某供电站工作负责人冉某某带领张某等人给 6kV 下高埝线郭野支线机井接电源。停电时工作人员看见应该拉开的下高埝线 18 号杆 4 号柱上油开关，由于 3 月 17 日为查找接地故障而拉开后，仍在断开位置。在未拉郭野支线丝具、未装设接地线且未在 18 号杆挂"禁止合闸，线路有人工作"标示牌情况下，开始工作。作业过程中，用户私自合 4 号柱上油断路器，造成杆上作业的张某触电死亡。

【测试题】

1. 问答题

（1）进行线路停电作业前，需要断开的设备有哪些？

答案：1）断开发电厂、变电站、换流站、开闭所、配电站（所）（包括用户设备）等线路断路器（开关）和隔离开关（刀闸）。

2）断开线路上需要操作的各端（含分支）断路器（开关）、隔离开关（刀闸）和熔断器。

3）断开危及该线路停电作业，且不能采取相应安全措施的交叉跨越、平行和同杆架设线路（包括用户线路）的断路器（开关）、隔离开关（刀闸）和熔断器。

　　4）断开可能反送电的低压电源的断路器（开关）、隔离开关（刀闸）和熔断器。

6.2.2　停电设备的**各端**，应有明显的**断开点**，若无法观察到停电设备的断开点，应有能够反映设备运行状态的**电气和机械**等指示。

　　【事故警示】

　　1995 年 10 月 30 日，陕西某供电局市区电力局非运行人员进行某 10kV 线路停电操作，先拉开该线路 56 号杆 2 号柱上开关（实际未断开），在拉丝具时，因 A 相丝具难以操作，就在未拉开 A 相丝具的情况下宣布线路已停电，作业人员不验电即装设接地线，且将地线搭在肩上，造成触电死亡。

　　【测试题】

　　1. 填空题

　　（1）停电设备的各端，应有明显的（　　　）。

　　答案：断开点

　　（2）若无法观察到停电设备的断开点，应有能够反映设备运行状态的（　　　）和（　　　）等指示。

　　答案：电气；机械

6.2.3　可直接在地面操作的断路器（开关）、隔离开关（刀闸）的操动机构（操作机构）上应**加锁**，不能直接在地面操作的断路器（开关）、隔离开关（刀闸）应**悬挂标示牌**；跌落式熔断器的熔管**应摘下或悬挂标示牌**。

　　【事故警示】

　　1982 年 3 月 19 日，陕西某供电局某供电站工作负责人冉某某带领张某等人给 6kV 下高垴线郭野支线机井接电源。停电时看见应该拉开的下高垴线 18 号杆 4 号柱上油断路器因故已拉开，但未在 18 号杆挂"禁止合闸，线路有人工作"标示牌，在未拉郭野支线丝具、未装设接地线情况下开始工作。作业过程中，用户私自合 4 号柱上油开关，造成杆上作业的张某触电死亡。

【测试题】

1. 填空题

（1）线路停电作业，对可直接在地面操作的断路器（开关）、隔离开关（刀闸）的操动机构（操作机构）上应（　　）。

答案：加锁

（2）线路停电作业，对不能直接在地面操作的断路器（开关）、隔离开关（刀闸）应悬挂（　　）；跌落式熔断器的熔管应（　　）或悬挂标示牌。

答案：标示牌；摘下

6.3 验电。

6.3.1 在停电线路工作地段接地前，应使用**相应电压等级**、**合格**的**接触式**验电器验明线路确无电压。

直流线路和 **330kV 及以上**的交流线路，可使用**合格的绝缘棒**或**专用的绝缘绳**验电。验电时，绝缘棒或绝缘绳的金属部分应**逐渐接近导线**，根据有无**放电声**和**火花**来判断线路是否确无电压。验电时应戴**绝缘手套**。

【事故警示】

1999 年 7 月 25 日，陕西某供电局电气公司线路二班，在 10kV 雁十线水厂支 30 号杆处进行西安射击场第二电源 T 接线搭头工作。供电站临时负责人误下操作指令停错支线开关，王某某登杆装设地线前未验电、未接接地端，挂地线时感觉线路有电，即下杆告诉工作负责人程某某。程某某询问南郊保线站配合人陈某某，陈某某在未核实情况下说开关已拉开，不可能有电。王某某再次登杆时仍未验电，在挂完 A 相地线后准备挂第二相时，带电挂地线触电死亡。

【测试题】

1. 多选题

（1）直流线路和 330kV 及以上的交流线路，可使用（　　）验电。

A. 合格的绝缘棒；B. 火花检测器；C. 专用的绝缘绳。

答案：AC

2. 填空题

（1）在停电线路工作地段装接地线前，应使用相应（　　）、合格的（　　）验电器验明线路确无电压。

答案：电压等级；接触式

（2）直流线路和 330kV 及以上的交流线路，可使用合格的绝缘棒或专用的绝缘绳验电。验电时，绝缘棒或绝缘绳的金属部分应（　　）导线，根据有无（　　）和火花来判断线路是否确无电压。

答案：逐渐接近；放电声

（3）使用绝缘棒或专用的绝缘绳对 330kV 及以上交流线路或直流线路验电时，应戴（　　）。

答案：绝缘手套

3. 判断题

（1）直流线路和 110kV 及以上的交流线路，可使用合格的绝缘棒或专用的绝缘绳验电。

答案：错误

（2）线路验电应使用相应电压等级、合格的接触式验电器。

答案：正确

6.3.2　验电前，应先在**有电设备上进行试验**，确认验电器良好；无法在有电设备上进行试验时，可用**工频高压发生器**等确认验电器良好。

验电时人体应与被验电设备保持**表 3** 规定的距离，并设专人**监护**。使用伸缩式验电器时应保证**绝缘的有效长度**。

【测试题】

1. 单选题

（1）110kV 线路验电时，人体与被验电设备最小安全距离为（ ），并设专人监护。

A. 1m; B. 1.5m; C. 2m。

答案：B

（2）330kV 线路验电时，人体与被验电设备最小安全距离为（ ），并设专人监护。

A. 3m; B. 4m; C. 5m。

答案：B

（3）验电器无法在有电设备上进行试验时，可用（ ）等确证验电器良好。

A. 工频高压发生器; B. 高压发生器; C. 高频信号发生器。

答案：A

2. 填空题

（1）使用验电器验电前，应先在（ ）上进行试验，确认验电器良好；无法在有电设备上进行试验时可用（ ）等确证验电器良好。

答案：有电设备；工频高压发生器

（2）验电时应设（ ）。使用伸缩式验电器时，应保证绝缘的（ ）。

答案：专人监护；有效长度

3. 判断题

（1）验电前，应先按验电器的自检按钮，发出声光信号，即可确认验电器良好。

答案：错误

6.3.3 对无法进行直接验电的设备和雨雪天气时的户外设备，可以进行**间接验电**，即**通过设备的机械指示位置、电气指示、带电显示装置、仪表及各种遥测、遥信等信号的变化来判断**。判断时，至少应有两个非同样原理或非同源的指示发生对应变化，且所有这些确定的指示均已同时发生对应变化，才能确认该设备已无电。以上检查项目应填写在操作票中作为检查项。检查中若发现其他任何信号有异常，均应停止操作，查明原因。若进行遥控操作，可采用上述的间接方法或其他可靠的方法进行间接验电。

【测试题】

1. 多选题

（1）间接验电，即通过设备（　　　）的变化来判断。

A. 机械指示位置；B. 电气指示；C. 带电显示装置；D. 仪表；E. 各种遥测、遥信等信号。

答案：ABCDE

2. 填空题

（1）间接验电判断时，至少应有两个非同样原理或非（　　　）的指示发生对应变化，且所有这些确定的指示均已（　　　）发生对应变化，才能确认该设备已无电。

答案：同源；同时

（2）进行间接验电时，检查项目应填写在（　　　）中作为检查项。检查中若发现其他任何信号有异常，均应（　　　），查明原因。

答案：操作票；停止操作

3. 问答题

（1）对无法进行直接验电的设备和雨雪天气时的户外设备，应如何进行间接验电？

答案：通过设备的机械指示位置、电气指示、带电显示装置、仪表及各种遥测、遥信等信号的变化来判断。判断时，至少应有两个非同样原理或非同源的指示发生对应变化，且所有这些确定的指示均已同时发生对应变化，才能确认该设备已无电。以上检查项目应填写在操作票中作为检查项。检查中若发现其他任何信号有异常，均应停止操作，查明原因。

6.3.4 对同杆塔架设的多层电力线路进行验电时，应**先验低压、后验高压，先验下层、后验上层，先验近侧、后验远侧**。禁止作业人员穿越未经**验电、接地**的 10（20）kV 线路及未采取绝缘措施的低压带电线路对上层线路进行验电。

线路的验电应**逐相**（直流线路**逐极**）进行。检修联络用的断路器（开关）、隔离开关（刀闸）或其组合时，应在其**两侧**验电。

【测试题】

1. 单选题

（1）对同杆塔架设的多层电力线路进行验电时，应（　　　）。

A. 先验低压、后验高压，先验下层、后验上层，先验近侧、后验远侧；

B. 先验高压、后验低压，先验上层、后验下层，先验近侧、后验远侧；

C. 先验低压、后验高压，先验上层、后验下层，先验近侧、后验远侧。

答案：A

2. 填空题

（1）禁止作业人员穿越未经（　　　）、（　　　）的 10（20）kV 线路及未采取绝缘措施的低压带电线路对上层线路进行验电。

答案：验电；接地

（2）线路的验电应（　　　）进行。检修联络用的断路器（开关）、隔离开关（刀闸）或其组合时，应在其（　　　）验电。

答案：逐相；两侧

3. 判断题

（1）对同杆塔架设的多层电力线路进行验电时，禁止作业人员穿越未经验电、接地的 35kV 线路及未采取绝缘措施的低压带电线路对上层线路进行验电。

答案：错误

（2）线路的验电应逐相进行。检修联络用的断路器（开关）、隔离开关（刀闸）或其组合时，应在两侧验电。

答案：正确

4. 问答题

（1）同杆塔架设的多层电力线路验电时，应如何进行？

答案：对同杆塔架设的多层电力线路进行验电时，应先验低压、后验高压，先验下层、后验上层，先验近侧、后验远侧。

6.4 接地。

6.4.1 线路经验明<u>确无电压</u>后，应立即装设<u>接地线</u>并<u>三相短路</u>（直流线路两极接地线<u>分别直接接地</u>）。

各工作班工作地段<u>各端</u>和工作地段内有可能反送电的各<u>分支线（包括用户）</u>都应<u>接地</u>。直流接地极线路，<u>作业点两端</u>应装设接地线。配合停电的线路可以只在<u>工作地点附近</u>装设一组工作接地线。装、拆接地线应在<u>监护</u>下进行。

工作接地线应<u>全部列入工作票</u>，工作负责人应确认<u>所有工作接地线</u>均已挂设完成方可宣布开工。

【事故警示一】

2000 年 3 月 14 日，陕西某送变电工程公司第一工程处在承包 10kV 西二线 16 号～38 号区段支线换线改造工程施工中，停电工作安全技术措施不完善（停电的 380V 导线未短路接地），用户低压返送电，作业人员触电死亡。

【事故警示二】

1982 年 3 月 19 日，陕西某供电局耀县电力局下高堎供电站工作负责人冉某某带领张某等人给 6kV 下高堎线郭野支线机井接电源。工作时未装设接地线、未挂标示牌，用户私自合闸，造成作业人员触电死亡。

【测试题】

1. 填空题

（1）工作接地线应全部列入（　　　），工作负责人应确认（　　　）

均已挂设完成方可宣布开工。

答案：工作票；所有工作接地线

（2）线路经验明（　　　）后，应立即装设（　　　）并三相短路（直流线路两极接地线分别直接接地）。

答案：确无电压；接地线

（3）各工作班工作地段（　　　）和工作地段内有可能反送电的各（　　　）都应接地。

答案：各端；分支线（包括用户）

（4）配合停电的线路可以只在（　　　）附近装设一组工作接地线。

答案：工作地点

2. 判断题

（1）装、拆接地线应在监护下进行。

答案：正确

6.4.2 禁止作业人员擅自变更工作票中指定的**接地线位置**。如需变更，应由**工作负责人**征得**工作票签发人**同意，并在工作票上注明**变更情况**。

【测试题】

1. 单选题

（1）禁止作业人员擅自变更工作票中指定的接地线位置。如需变更，应由工作负责人征得（　　　）同意，并在工作票上注明变更情况。

A. 工作许可人；B. 值班调控人员；C. 工作票签发人。

答案：C

2. 填空题

（1）禁止作业人员擅自变更工作票中指定的（　　　）位置。如需变更，应由工作负责人征得工作票签发人同意，并在工作票上注明（　　　）。

答案：接地线；变更情况

3. 判断题

（1）禁止作业人员擅自变更工作票中指定的接地线位置。如需变更，应由工作负责人征得工作票签发人同意，并在工作票上注明变更情况。

答案：正确

6.4.3 同杆塔架设的多层电力线路挂接地线时，应<u>先挂低压、后挂高压，先挂下层、后挂上层，先挂近侧、后挂远侧</u>。拆除时顺序<u>相反</u>。

【测试题】

1. 单选题

（1）对同杆塔架设的多层电力线路挂接地线时，应（　　）。

A. 先挂低压、后挂高压，先挂下层、后挂上层，先挂近侧、后验远侧。

B. 先挂高压、后挂低压，先挂上层、后挂下层，先挂近侧、后挂远侧。

C. 先挂低压、后挂高压，先挂上层、后挂下层，先挂近侧、后挂远侧。

答案：A

2. 问答题

（1）装、拆同杆塔架设的多层电力线路上的接地线时，应分别按什么顺序进行？

答案：同杆塔架设的多层电力线路挂接地线时，应先挂低压、后挂高压，先挂下层、后挂上层，先挂近侧、后挂远侧。拆除时顺序相反。

6.4.4 成套接地线应由<u>有透明护套的多股软铜线和专用线夹</u>组成，其截面积不准小于 **<u>25mm²</u>**，同时应满足装设地点<u>短路电流</u>的要求。

禁止使用<u>其他导线</u>接地或短路。

接地线应使用<u>专用的线夹</u>固定在导体上，禁止用<u>缠绕</u>的方法进行接地或短路。

【测试题】

1. 单选题

（1）成套接地线应由有透明护套的多股软铜线和专用线夹组成，其截面积不得小于（   ），同时应满足装设地点短路电流的要求。

A. 9mm²； B. 16mm²； C. 25mm²。

答案：C

2. 填空题

（1）成套接地线应由有透明护套的多股软铜线和专用线夹组成，其截面积不得小于（   ），同时应满足装设地点（   ）的要求。

答案：25mm²；短路电流

（2）接地线应使用（   ）固定在导体上，禁止用（   ）的方法进行接地或短路。

答案：专用的线夹；缠绕

（3）成套接地线应由有透明护套的（   ）和（   ）组成，禁止使用其他导线接地或短路。

答案：多股软铜线；专用线夹

3. 判断题

（1）成套接地线应由有透明护套的多股软铜线组成，其截面积不得小于25mm²，同时应满足装设地点短路电流的要求。

答案：错误

6.4.5 装设接地线时，应先接**接地端**，后接**导线端**，接地线应**接触良好**、**连接应可靠**。拆接地线的顺序与此**相反**。装、拆接地线导体端均应使用**绝缘棒**或**专用的绝缘绳**。人体**不准碰触接地线和未接地**的导线。

【事故警示】

2003 年 12 月 31 日，陕西某供电局送电工区检修一班对同塔架设非运行的空线路进行消缺工作，作业人员杨某某被指派登上

10 号塔装设接地线。当杨某某在上相横担装设完第一根接地线后，发现接地端未连接好，直接用手紧固接地端线夹，感应电导致触电重伤。

【测试题】

1. 填空题

（1）装设接地线时，应先接（　　　），后接（　　　）。

答案：接地端；导线端

（2）装设的接地线应接触（　　　）、连接应（　　　）。

答案：良好；可靠

2. 判断题

（1）装、拆接地线导体端均应使用绝缘棒或专用的绝缘绳。人体不准碰触接地线和未接地的导线。

答案：正确

6.4.6 在杆塔或横担接地良好的条件下装设接地线时，接地线可单独或合并后接到杆塔上，但杆塔<u>接地电阻</u>和<u>接地通道</u>应良好。杆塔与接地线连接部分应<u>清除油漆</u>，<u>接触良好</u>。

【测试题】

1. 填空题

（1）在杆塔或横担接地良好的条件下装设接地线时，接地线可单独或合并后接到杆塔上，杆塔与接地线连接部分应清（　　　），接触（　　　）。

答案：油漆；良好

（2）在杆塔或横担接地良好的条件下装设接地线时，接地线可单独或合并后接到杆塔上，但杆塔（　　　）和（　　　）应良好。

答案：接地电阻；接地通道

2. 问答题

（1）在杆塔或横担接地良好的条件下装设接地线，利用杆塔接地时，有何规定？

答案：在杆塔或横担接地良好的条件下装设接地线时，接地线可单独或合并后接到杆塔上，但杆塔接地电阻和接地通道应良好。杆塔与接地线连接部分应清除油漆，接触良好。

6.4.7 无接地引下线的杆塔，可采用**临时接地体**。临时接地体的截面积不准小于 **190mm²**（如 $\phi16$ 圆钢）、埋深不准小于 **0.6m**。对于土壤电阻率较高地区，如岩石、瓦砾、沙土等，应采取增加**接地体根数**、**长度**、**截面积**或**埋地深度**等措施改善接地电阻。

【事故警示】

1993 年 8 月 8 日，湖北某供电分局尚某某在 10kV 配电变压器上进行停电检修作业时，所挂的接地线只进行三相短路而未用钢钎进行接地，由于该线路有较长线段与带电线路同杆架设，导致杆上作业人员感应电触电轻伤。

【测试题】

1. 单选题

（1）无接地引下线的杆塔，可采用临时接地体。临时接地体的截面积不准小于（　　　）、埋深不准小于（　　　）。

A. 180mm²；0.6m。 B. 190mm²；0.5m。 C. 190mm²；0.6m。

答案：C

2. 多选题

（1）对于土壤电阻率较高地区，如岩石、瓦砾、沙土等，采用临时接地体时，应采取增加接地体（　　　）等措施改善接地电阻。

A. 根数； B. 长度； C. 截面积； D. 埋地深度。

答案：ABCD

3. 填空题

（1）无接地引下线的杆塔，可采用临时接地体。临时接地体的截面积不得小于（　　　）mm²、埋深不准小于（　　　）m。

答案：190；0.6

（2）对于土壤电阻率较高地区，如岩石、瓦砾、沙土等，采用临时接地体时，应采取增加接地体根数、（　　　）、截面积或

（　　）等措施改善接地电阻。

答案：长度；埋地深度

6.4.8 在同杆塔架设多回线路杆塔的停电线路上装设的接地线，应采取措施防止接地线**摆动**，并满足**表3**安全距离的规定。

断开耐张杆塔引线或工作中需要拉开断路器（开关）、隔离开关（刀闸）时，应先在其**两侧**装设接地线。

【测试题】

1. 单选题

（1）在110kV同塔架设多回线路杆塔的停电线路上装设的接地线，应采取措施防止接地线摆动，应满足的最小安全距离为（　　）。

A. 1m；B. 1.5m；C. 2m。

答案：B

2. 填空题

（1）在同塔架设多回线路杆塔的停电线路上装设的接地线，应采取措施防止接地线（　　）。

答案：摆动

（2）断开耐张杆塔引线或工作中需要拉开断路器（开关）、隔离开关（刀闸）时，应先在其（　　）装设接地线。

答案：两侧

6.4.9 电缆及电容器接地前应**逐相充分放电**，星形接线电容器的**中性点应接地**，串联电容器及与整组电容器脱离的电容器应**逐个多次放电**，装在绝缘支架上的电容器外壳也应**放电**。

【测试题】

1. 填空题

（1）电缆及电容器接地前应（　　）充分放电，星形接线电容器的中性点应（　　）。

答案：逐相；接地

（2）串联电容器及与整组电容器脱离的电容器接地前应逐个

（　　），装在绝缘支架上的电容器外壳也应（　　）。

　　答案：多次放电；放电

6.5　使用个人保安线。

6.5.1　工作地段如有<u>邻近、平行、交叉跨越及同杆塔架设</u>线路，为防止停电检修线路上<u>感应电压</u>伤人，在需要<u>接触或接近</u>导线工作时，应使用<u>个人保安线</u>。

　　【事故警示】

　　1989 年 7 月 5 日，陕西某供电局送电处检修一班，在临近电气化铁路的 110kV 宝凤Ⅰ回线路停电检修中，37 号杆上工作人员李某某，未先装设个人保安线，即用双手抓住横担下导线，脚踩导线时发生感应电触电，因未系安全带，从 13m 高处坠落，造成李某某左胯脱臼，右小腿骨折。

　　【测试题】

　　1. 多选题

　　（1）工作地段如有（　　）线路，为防止停电检修线路上感应电压伤人，在需要接触或接近导线工作时，应使用个人保安线。

　　A. 邻近；B. 平行；C. 交叉跨越；D. 同杆塔架设。

　　答案：ABCD

　　2. 填空题

　　（1）工作地段如有邻近、平行、交叉跨越及同杆塔架设线路，为防止停电检修线路上感应电压伤人，在需要（　　）导线工作时，应使用（　　）。

　　答案：接触或接近；个人保安线

6.5.2　个人保安线应在杆塔上<u>接触或接近</u>导线的作业开始前挂接，作业结束<u>脱离导线</u>后拆除。装设时，应先接<u>接地端</u>，后接<u>导线端</u>，且<u>接触良好，连接可靠</u>。拆个人保安线的顺序与此<u>相反</u>。个人保安线由<u>作业人员</u>负责<u>自行装、拆</u>。

【测试题】

1. 单选题

（1）个人保安线由（   ）负责自行装、拆。

A. 作业人员；B. 专责监护人；C. 工作负责人。

答案：A

2. 填空题

（1）个人保安线应在杆塔上（   ）或接近导线的作业开始前挂接，作业结束（   ）导线后拆除。

答案：接触；脱离

（2）个人保安线装设时，应先接（   ），后接（   ），且接触良好，连接可靠。拆个人保安线的顺序与此相反。

答案：接地端；导线端

6.5.3 个人保安线应使用有<u>透明护套</u>的<u>多股软铜线</u>，截面积不准小于 **16mm²**，且应带有<u>绝缘手柄</u>或<u>绝缘部件</u>。<u>禁止用个人保安线代替接地线</u>。

【测试题】

1. 单选题

（1）个人保安线应使用有透明护套的多股软铜线，截面积不得小于（   ），且应带有绝缘手柄或绝缘部件。

A. 12mm²；B. 16mm²；C. 25mm²。

答案：B

2. 填空题

（1）个人保安线应使用有透明护套的（   ），截面积不得小于 16mm²，且应带有（   ）或绝缘部件。

答案：多股软铜线；绝缘手柄

3. 判断题

（1）禁止用个人保安线代替接地线。

答案：正确

6.5.4 在杆塔或横担<u>接地通道</u>良好的条件下，个人保安线接地端

<u>允许</u>接在杆塔或横担上。

【测试题】

1. 填空题

（1）在杆塔或横担（　　　）良好的条件下，个人保安线接地端（　　　）接在杆塔或横担上。

答案：接地通道；允许

6.6 悬挂标示牌和装设遮栏（围栏）。

6.6.1 在<u>一经合闸即可送电</u>到工作地点的断路器（开关）、隔离开关（刀闸）及跌落式熔断器的**操作处**，均应悬挂<u>"禁止合闸，线路有人工作！"</u>或<u>"禁止合闸，有人工作！"</u>的标示牌（见附录 J）。

【事故警示】

1982 年 3 月 19 日，陕西某供电局耀县电力局下高垲供电站工作负责人冉某某带领张某等人给 6kV 下高垲线郭野支线机井接电源。停电时看见应该拉开的下高垲线 18 号杆 4 号柱上油开关因故已拉开，但未在 18 号杆挂"禁止合闸，线路有人工作"标示牌，在未拉郭野支线丝具、未装设接地线情况下开始工作。作业过程中，用户私自合 4 号柱上油断路器，造成杆上作业的张某触电死亡。

【测试题】

1. 填空题

（1）在一经（　　　）即可送电到工作地点的断路器（开关）、隔离开关（刀闸）及跌落式熔断器的（　　　），均应悬挂"禁止合闸，线路有人工作！"或"禁止合闸，有人工作！"的标示牌。

答案：合闸；操作处

（2）在一经合闸即可送电到工作地点的断路器（开关）、隔离开关（刀闸）及的操作处，均应悬挂"（　　　）！"或"（　　　）！"的标示牌。

答案：禁止合闸，线路有人工作；禁止合闸，有人工作

6.6.2 进行地面配电设备部分停电的工作，人员工作时距设备小于**表1**安全距离以内的未停电设备，应增设**临时围栏**。临时围栏与带电部分的距离，不准小于**表2**的规定。临时围栏应装设**牢固**，并悬挂**"止步，高压危险！"**的标示牌。

35kV及以下设备可用与带电部分直接接触的**绝缘隔板**代替临时遮栏。绝缘隔板绝缘性能应符合附录L的要求。

表1 设备不停电时的安全距离

电压等级 kV	安全距离 m
10及以下	0.70
20、35	1.00
66、110	1.50
注：表中未列电压应选用高一电压等级的安全距离，表2同。	

表2 工作人员工作中正常活动范围与带电设备的安全距离

电压等级 kV	安全距离 m
10及以下	0.35
20、35	0.60
66、110	1.50

【测试题】

1. 单选题

（1）进行地面配电设备部分停电的工作，对35kV未停电设备增设的临时围栏，围栏与带电设备的安全距离不得小于(   )。

A. 0.35m；B. 0.6m；C. 1.0m。

答案：B

2. 填空题

（1）35kV 及以下设备可用与带电部分直接接触的（　　）代替临时遮栏。

答案：绝缘隔板

（2）进行地面配电设备部分停电的工作，人员工作时距 110kV 未停电设备小于（　　）安全距离时，应增设临时围栏。临时围栏应装设牢固，并悬挂"（　　）"的标示牌。

答案：1.5m；止步，高压危险！

6.6.3 在<u>城区、人口密集区地段</u>或<u>交通道口和通行道路</u>上施工时，工作场所周围应装设<u>遮栏（围栏）</u>，并在相应部位装设<u>标示牌</u>。必要时，派<u>专人看管</u>。

【测试题】

1. 填空题

（1）在城区、人口密集区地段或交通道口和通行道路上施工时，工作场所周围应（　　），并在相应部位装设标示牌。必要时，派（　　）。

答案：装设遮栏（围栏）；专人看管

2. 判断题

（1）在城区、人口密集区地段或交通道口和通行道路上施工时，工作场所周围应装设遮栏（围栏），并在相应部位装设标示牌。

答案：正确

6.6.4 高压配电设备做耐压试验时应在周围设<u>围栏</u>，围栏上应<u>向外悬挂</u>适当数量的<u>"止步，高压危险！"</u>标示牌。禁止工作人员在工作中<u>移动或拆除</u>围栏和标示牌。

【测试题】

1. 多选题

（1）高压配电设备做耐压试验时，禁止工作人员在工作中（　　）围栏和标示牌。

A. 移动；B. 增设；C. 拆除。

答案：AC

2. 填空题

（1）高压配电设备做耐压试验时应在周围设围栏，围栏上应向（　　）悬挂适当数量的"（　　）！"标示牌。

答案：外；止步，高压危险

7 线路运行和维护

本章要点

本章主要对线路巡视、倒闸操作、测量以及砍剪树木等运行维护工作的组织形式、工作方法、安全注意事项等内容进行了规定。

7.1 线路巡视。

7.1.1 巡线工作应由有<u>电力线路工作经验</u>的人员担任。单独巡线人员应<u>考试合格</u>并经<u>工区</u>批准。在<u>电缆隧道、偏僻山区和夜间巡线</u>时应由<u>两人</u>进行。<u>汛期、暑天、雪天等</u>恶劣天气巡线，必要时由<u>两人</u>进行。单人巡线时，<u>禁止攀登</u>电杆和铁塔。

地震、台风、洪水、泥石流等灾害发生时，禁止巡视灾害现场。灾害发生后，如需要对线路、设备进行巡视时，应制订必要的<u>安全措施</u>，得到<u>设备运维管理单位</u>批准，并至少<u>两人一组</u>，巡视人员应与派出部门之间保持<u>通信联络</u>。

【事故警示】

2006 年 4 月 17 日，甘肃某供电公司靖远分公司配电班薛某某、贾某某夜间进行 10kV 七里沙河线事故巡线。贾某某在薛某某不在现场情况下，擅自登上 6 号电杆检查绝缘子有无击穿情况时碰触 C 相导线触电死亡。事后经查，发现七里沙河线 33 号杆 T 接的会州宾馆支线 2～3 号杆边相导线烧断后搭在 220V 低压路灯线上，低压反送电到高压线路造成线路带电。

【测试题】

1. 单选题

（1）巡线工作应由有（　　　）的人员担任。（　　　）应考试合格并经工区批准。

A. 电力线路工作经验；单独巡线人员；B. 从事电力线路工作；运行人员；C. 掌握线路运行知识；巡视人员。

答案：A

2. 多选题

（1）在（　　　）巡线时应由两人进行。

A. 夜间；B. 电缆隧道；C. 野外农村；D. 偏僻山区。

答案：ABD

3. 填空题

（1）巡线工作应由有电力线路（　　　）的人员担任。（　　　）巡线人员应考试合格并经工区批准。

答案：工作经验；单独

（2）在电缆隧道、偏僻山区和夜间巡线时应由（　　　）进行。汛期、暑天、雪天等恶劣天气巡线，必要时由两人进行。（　　　）巡线时，禁止攀登电杆和铁塔。

答案：两人；单人

（3）地震、台风、洪水、泥石流等灾害发生时，禁止巡视灾害现场。灾害发生后，如需要对线路、设备进行巡视时，应制订必要的（　　　），得到设备运维管理单位批准，并至少（　　　）一组，巡视人员应与派出部门之间保持通信联络。

答案：安全措施；两人

4. 判断题

（1）单人巡线时，必要时可以攀登电杆和铁塔。

答案：错误

7.1.2 正常巡视应穿**绝缘鞋**；**雨雪、大风**天气或**事故**巡线，巡视人员应穿**绝缘靴**或**绝缘鞋**；**汛期、暑天、雪天**等恶劣天气和山区巡线应配备必要的**防护用具、自救器具和药品**；**夜间**巡线应携带足够的**照明**工具。

【事故警示】

2013 年 6 月 22 日，安徽某供电公司下属的池州天勤公司在 10kV 马衙线单相接地故障巡线结束恢复送电后，两名巡线人员返回途中，附近的马衙线南星支线 16 号杆雷击断线，意外造成两人触电死亡。巡线人员未严格落实恶劣天气下巡线的人身安全防护措施是导致触电的主要原因。

【测试题】

1. 单选题

（1）正常巡视应穿（　　　）。

A. 绝缘服；B. 雨靴；C. 绝缘鞋。

答案：C

2. 多选题

（1）在（　　　）或事故巡线时，巡视人员应穿绝缘鞋或绝缘靴。

A. 雨雪；B. 大风天气；C. 夜间。

答案：AB

3. 填空题

（1）汛期、暑天、雪天等恶劣天气和山区巡线应配备必要的（　　　）、（　　　）和药品。

答案：防护用具；自救器具

4. 判断题

（1）正常巡视应穿绝缘鞋；雨雪、大风天气或事故巡线，巡视人员应穿绝缘靴或绝缘鞋；汛期、暑天、雪天等恶劣天气和山区巡线应配备必要的防护用具、自救器具和药品；夜间巡线应携带足够的照明工具。

答案：正确

7.1.3 夜间巡线应沿线路**外侧**进行；大风时，巡线应沿线路**上**

风侧前进，以免万一触及断落的导线；特殊巡视应注意**选择路线**，防止洪水、塌方、恶劣天气等对人的伤害。巡线时禁止**泅渡**。

事故巡线应始终认为线路**带电**。即使明知该线路已停电，亦应认为线路随时有**恢复送电**的可能。

【测试题】

1. 单选题

（1）夜间巡线应沿线路（　　）进行；大风时，巡线应沿线路（　　）前进，以免万一触及断落的导线。

A. 外侧；上风侧。B. 内侧；下风侧。C. 外侧；下风侧。

答案：A

2. 多选题

（1）以下叙述正确的是（　　）。

A. 夜间巡线应沿线路外侧进行。

B. 大风时，巡线应沿线路上风侧前进，以免万一触及断落的导线。

C. 特殊巡视应注意选择路线，防止洪水、塌方、恶劣天气等对人的伤害。

D. 巡线时禁止泅渡。

答案：ABCD

3. 填空题

（1）特殊巡视应注意选择（　　），防止洪水、塌方、恶劣天气等对人的伤害。巡线时禁止（　　）。

答案：路线；泅渡

（2）事故巡线应始终认为（　　）。即使明知该线路已停电，亦应认为线路随时有（　　）的可能。

答案：线路带电；恢复送电

7.1.4 巡线人员发现导线、电缆断落地面或悬挂空中，应设法防止行人靠近**断线地点 8m** 以内，以免**跨步电压**伤人，并迅速**报告**

调控人员和上级，等候处理。

【测试题】

1. 单选题

（1）巡线人员发现导线、电缆断落地面或悬挂空中，应设法防止行人靠近断线地点（　　）以内，以免跨步电压伤人，并迅速报告调控人员和上级，等候处理。

A. 4m；B. 6m；C. 8m。

答案：C

2. 填空题

（1）巡线人员发现导线、电缆断落地面或悬挂空中，应设法防止行人靠近断线地点 8m 以内，以免（　　）伤人，并迅速报告（　　）和上级，等候处理。

答案：跨步电压；调控人员

3. 判断题

（1）巡线人员发现导线、电缆断落地面或悬挂空中，应设法防止行人靠近断线地点 4m 以内，以免跨步电压伤人，并迅速报告调控人员和上级，等候处理。

答案：错误

4. 问答题

（1）巡线人员发现导线、电缆断落地面或悬挂空中时应如何处理？

答案：巡线人员发现导线、电缆断落地面或悬挂空中，应设法防止行人靠近断线地点 8m 以内，以免跨步电压伤人，并迅速报告调控人员和上级，等候处理。

7.1.5 进行配电设备巡视的人员，应熟悉设备的内部结构和接线情况。巡视检查配电设备时，不准越过遮栏或围墙。进出配电设备室（箱）应随手关门，巡视完毕应上锁。单人巡视时，禁止打开配电设备柜门、箱盖。

【测试题】

1. 多选题

（1）进行配电设备巡视的人员，应熟悉设备的（　　　）。

A. 内部结构；B. 接线情况；C. 运行情况。

答案：AB

2. 填空题

（1）巡视检查配电设备时，不准越过（　　）或（　　　）。

答案：遮栏；围墙

（2）进出配电设备室（箱）应（　　　），巡视完毕应（　　　）。

答案：随手关门；上锁

3. 判断题

（1）单人巡视时，打开配电设备柜门、箱盖应注意保持足够的安全距离。

答案：错误

7.2　倒闸操作。

7.2.1　倒闸操作应使用**倒闸操作票**（见附录I）。倒闸操作人员应根据**值班调控人员（运维人员）**的操作指令（口头、电话或传真、电子邮件）填写或打印倒闸操作票。操作指令应**清楚明确**，受令人应将指令内容向发令人**复诵，核对无误**。发令人发布指令的全过程（包括对方复诵指令）和听取指令的报告时，都要**录音**并做好**记录**。

事故紧急处理和**拉合断路器（开关）的单一操作**可不使用操作票。

【事故警示】

1999年7月25日，陕西某供电局电气公司线路二班，在10kV雁十线水厂支30号杆处进行西安射击场第二电源T接线搭头工作。供电站临时负责人误下操作指令，操作人未进行核对，停错支线开关，作业人员装设接地线未验电，带电挂地线触电死亡。

【测试题】

1. 多选题

（1）倒闸操作人员应根据（　　　　）的操作命令（口头、电话或传真、电子邮件）填写或打印倒闸操作票。

A. 值班调控人员；B. 运维人员；C. 工作许可人。

答案：AB

2. 填空题

（1）（　　　　）和拉合断路器（开关）的（　　　　）可不使用操作票。

答案：事故紧急处理；单一操作

（2）倒闸操作指令应（　　　），受令人应将指令内容向发令人（　　　），核对无误。

答案：清楚明确；复诵

（3）发令人发布倒闸操作指令的全过程（包括对方复诵指令）和听取指令的报告时，都要（　　　）并做好（　　　）。

答案：录音；记录

7.2.2　操作票应用黑色或蓝色钢（水）笔或圆珠笔<u>逐项</u>填写。用计算机开出的操作票应与手写格式票面<u>统一</u>。操作票票面应清楚整洁，不准<u>任意涂改</u>。操作票应填写设备<u>双重名称</u>。<u>操作人</u>和<u>监护人</u>应根据<u>模拟图</u>或<u>接线图</u>核对所填写的操作项目，并分别<u>手工或电子</u>签名。

【测试题】

1. 填空题

（1）倒闸操作的操作人和监护人应根据模拟图或（　　　）核对所填写的操作项目，并分别手工或（　　　）签名。

答案：接线图；电子

（2）操作票应用黑色或蓝色钢（水）笔或圆珠笔逐项填写。用计算机开出的操作票应与手写格式票面（　　　）。操作票票面应清楚整洁，不准（　　　）。

答案：统一；任意涂改

2. 判断题

（1）操作票应填写设备双重称号。

答案：错误

7.2.3 倒闸操作前，应按操作票顺序在<u>模拟图或接线图</u>上<u>预演</u>核对无误后执行。

操作前、后，都应检查核对<u>现场设备名称</u>、<u>编号</u>和<u>断路器（开关）</u>、<u>隔离开关（刀闸）的分、合位置</u>。电气设备操作后的位置检查应以设备<u>实际位置</u>为准，无法看到实际位置时，应通过间接方法，如设备<u>机械指示位置、电气指示、带电显示装置、仪表及各种遥测、遥信等信号的变化</u>来判断。判断时，至少应有<u>两个非同样原理</u>或<u>非同源</u>的指示发生对应变化，<u>且所有这些确定的指示均已同时发生对应变化</u>，方可确认该设备已操作到位。以上检查项目应填写在<u>操作票</u>中作为检查项。检查中若发现其他任何信号有异常，均应<u>停止操作</u>，<u>查明原因</u>。若进行遥控操作，可采用<u>上述的间接方法</u>或<u>其他可靠的方法</u>判断设备位置。

【事故警示】

1995 年 10 月 30 日，陕西某供电局市区电力局非运行人员操作运行设备漏项，拉开柱上油开关后，未检查开关实际位置（开关未断开），在三相丝具未全部拉开的情况下，装设接地线时不验电，造成操作人员触电死亡。

【测试题】

1. 多选题

（1）电气设备操作无法看到实际位置时，应通过（　　）等信号的变化来判断。

A. 设备机械指示位置；B. 电气指示；C. 带电显示装置；D. 仪表；E. 各种遥测、遥信。

答案：ABCDE

2. 填空题

（1）倒闸操作前，应按操作票顺序在模拟图或（　　）上（　　）核对无误后执行。

答案：接线图；预演

（2）倒闸操作前、后，都应检查核对现场（　　）、编号和断路器（开关）、隔离开关（刀闸）的（　　）。

答案：设备名称；分、合位置

（3）电气设备操作后的位置检查应以设备（　　）为准，无法看到实际位置时，应通过间接方法，检查项目应填写在（　　）中作为检查项。

答案：实际位置；操作票

（4）操作前、后，使用间接方法检查设备实际位置，若发现其他任何信号有异常，均应（　　），（　　）。

答案：停止操作；查明原因

3. 问答题

（1）如何进行电气设备操作后的位置检查？

答案：电气设备操作后的位置检查应以设备实际位置为准，无法看到实际位置时，应通过间接方法，如设备机械指示位置、电气指示、带电显示装置、仪表及各种遥测、遥信等信号的变化来判断。判断时，至少应有两个非同样原理或非同源的指示发生对应变化，且所有这些确定的指示均已同时发生对应变化，方可确认该设备已操作到位。

7.2.4 倒闸操作应由**两人**进行，一人操作，一人监护，并认真执行**唱票、复诵制**。发布指令和复诵指令都应严肃认真，使用规范的**操作术语**，准确清晰，**按操作票顺序逐项操作**，每操作完一项，应检查无误后，做一个"√"记号。操作中发生疑问时，不准**擅自更改**操作票，应向**操作发令人**询问清楚无误后再进行操作。操作完毕，受令人应立即汇报**发令人**。

【事故警示】

1989年9月16日,河北某县电力局电管所某电工,在某10kV线路69号杆进行停电操作时,无监护人单人操作,在拉开断路器后,登上断路器支架准备拉电源侧隔离开关时,右手误碰10kV引线,触电死亡。

【测试题】

1. 填空题

(1)倒闸操作应由( )进行,一人操作,一人监护,并认真执行唱票、( )制。

答案:两人;复诵

(2)倒闸操作发生疑问时,不准( )操作票,应向( )询问清楚无误后再进行操作。

答案:擅自更改;操作发令人

(3)倒闸操作发布指令和复诵指令都应严肃认真,使用规范操作术语,准确清晰,按( )逐项操作,每操作完一项,应检查无误后,做一个"√"记号。操作完毕,受令人应立即汇报( )。

答案:操作票顺序;发令人

2. 判断题

(1)操作中发生疑问时,不准擅自更改操作票,应向设备运维人员询问清楚无误后再进行操作。

答案:错误

7.2.5 操作机械传动的断路器(开关)或隔离开关(刀闸)时,应戴**绝缘手套**。没有机械传动的断路器(开关)、隔离开关(刀闸)和跌落式熔断器,应使用**合格的绝缘棒**进行操作。雨天操作应使用有**防雨罩**的绝缘棒,并穿**绝缘靴**、戴**绝缘手套**。

在操作柱上断路器(开关)时,应有防止断路器(开关)**爆炸**时伤人的措施。

【事故警示】

1994年10月8日,陕西某供电局线路三班进行10kV某线路

72 号杆 T 接双村支线分路丝具停电操作,操作人员刘某某登杆后直接用手拉 A、B 相丝具熔管时遭到电击,以为是感应电,未引起重视,又伸手去拉 C 相丝具,触电死亡。

【测试题】

1. 填空题

(1)操作机械传动的断路器(开关)或隔离开关(刀闸)时,应戴(   )。没有机械传动的断路器(开关)、隔离开关(刀闸)和跌落熔断器,应使用合格的(   )进行操作。

答案:绝缘手套;绝缘棒

(2)雨天操作断路器(开关)、隔离开关(刀闸)和跌落式熔断器,应使用有(   )的绝缘棒,并穿(   )、戴绝缘手套。

答案:防雨罩;绝缘靴

(3)在操作柱上断路器(开关)时,应有防止断路器(开关)(   )时伤人的措施。

答案:爆炸

7.2.6 更换配电变压器跌落式熔断器熔丝的工作,应先将<u>低压刀闸</u>和<u>高压隔离开关(刀闸)或跌落式熔断器</u>拉开。摘挂跌落式熔断器的熔管时,应使用<u>绝缘棒</u>,并派<u>专人监护</u>。其他人员不准触及设备。

【测试题】

1. 单选题

(1)摘挂跌落式熔断器的熔断管时,应使用绝缘棒,并派(   )监护。其他人员不准触及设备。

A. 工作负责人; B. 专人; C. 工作许可人。

答案:B

2. 填空题

(1)更换配电变压器跌落式熔断器熔丝的工作,应先将(   )和高压隔离开关(刀闸)或跌落式熔断器拉开。

答案：低压刀闸

（2）摘挂跌落式熔断器的熔断管时，应使用（　　），并派（　　）。其他人员不准触及设备。

答案：绝缘棒；专人监护

3. 判断题

（1）摘挂跌落式熔断器的熔断管时，应使用绝缘棒，并派专人监护。

答案：正确

7.2.7 雷电时，<u>禁止</u>进行<u>倒闸操作</u>和<u>更换熔丝</u>工作。

【测试题】

1. 填空题

（1）雷电时，禁止进行倒闸操作和更换（　　）工作。

答案：熔丝

2. 判断题

（1）雷电时，在做好安全措施的情况下，可以进行倒闸操作和更换熔丝工作。

答案：错误

7.2.8 在发生人身触电事故时，可以<u>不经过许可</u>，即行断开有关设备的电源，但事后应立即报告<u>调度控制中心（或设备运维管理单位）</u>和上级部门。

【测试题】

1. 填空题

（1）在发生人身触电事故时，可以（　　），即行断开有关设备的电源，但事后应立即报告（　　）和上级部门。

答案：不经过许可；调度控制中心（或设备运维管理单位）

7.2.9 操作票应事先<u>连续编号</u>，计算机生成的操作票应在正式出票前<u>连续编号</u>，操作票按<u>编号顺序</u>使用。作废的操作票，应注明"作废"字样，未执行的应注明"<u>未执行</u>"字样，已操作的应注明"<u>已执行</u>"字样。操作票应保存<u>一年</u>。

【测试题】

1. 单选题

（1）操作票应保存（ ）。

A. 三个月；B. 六个月；C. 一年。

答案：C

2. 填空题

（1）作废的操作票，应注明"作废"字样，未执行的应注明
"（ ）"字样，已操作的应注明"（ ）"字样。

答案：未执行；已执行

（2）操作票应事先（ ），计算机生成的操作票应在正式出
票前连续编号，操作票按（ ）使用。

答案：连续编号；编号顺序

7.3 测量工作。

7.3.1 <u>直接接触设备</u>的电气测量工作，至少应由<u>两人</u>进行，一人
操作，一人监护。夜间进行测量工作，应有足够的<u>照明</u>。

【事故警示】

1984 年 11 月 9 日，湖北某变电站维护工柯某某、吕某某，
在对配电变压器进行测量工作中，吕某某因扳不动高压引线螺栓
而去借扳手时，柯某某单人作业并误碰带电的避雷器引上线，坠
落地面。

【测试题】

1. 填空题

（1）直接接触设备的电气测量工作，至少应由（ ）进
行。一人操作，一人监护。夜间进行测量工作，应有足够的
（ ）。

答案：两人；照明

7.3.2 测量人员应熟悉仪表的<u>性能</u>、<u>使用方法</u>和<u>正确接线方式</u>，
掌握测量的<u>安全措施</u>。

【测试题】

1. 填空题

（1）测量人员应熟悉仪表的（　　）、（　　）和正确接线方式，掌握测量的安全措施。

答案：性能；使用方法

（2）测量人员应熟悉仪表的性能、使用方法和（　　），掌握测量的（　　）。

答案：正确接线方式；安全措施

7.3.3 杆塔、配电变压器和避雷器的接地电阻测量工作，可以在**线路和设备带电**的情况下进行。**解开**或**恢复**杆塔、配电变压器和避雷器的接地引线时，应戴**绝缘手套**。禁止**直接接触**与地断开的接地线。

【测试题】

1. 多选题

（1）进行杆塔、配电变压器和避雷器的接地电阻测量工作时，以下说法正确的是（　　）。

A. 杆塔、配电变压器和避雷器的接地电阻测量工作，可以在线路和设备带电的情况下进行；

B. 解开或恢复杆塔、配电变压器和避雷器的接地引线时，应戴绝缘手套；

C. 禁止直接接触与地断开的接地线。

答案：ABC

2. 填空题

（1）杆塔、配电变压器和避雷器的接地电阻测量工作，可以在线路和设备（　　）的情况下进行。

答案：带电

（2）在线路和设备带电的情况下，解开或恢复杆塔、配电变压器和避雷器的接地引线时，应戴（　　）。禁止（　　）与地断开的接地线。

答案：绝缘手套；直接接触

3. 判断题

（1）在线路和设备带电的情况下，解开或恢复杆塔、配电变压器和避雷器的接地引线测量接地电阻时，应戴绝缘手套。禁止直接接触与地断开的接地线。

答案：正确

7.3.4 测量低压线路和配电变压器低压侧的电流时，可使用**钳形电流表**。应注意不触及其他**带电部分**，以防**相间短路**。

【事故警示】

1998年2月24日左右，陕西某供电局市区供电分局用电检查班临时负责人张某某、刘某到某用户进行用电检查。张某某使用钳形电流表测量低压裸母排电流时，发生了相间短路，引起电弧，造成张某某、刘某脸部和双手背面电弧烧灼，致轻伤。

【测试题】

1. 填空题

（1）测量低压线路和配电变压器低压侧的电流时，可使用（　　）。应注意不触及其他（　　），以防相间短路。

答案：钳形电流表；带电部分

7.3.5 带电线路导线的垂直距离（导线弛度、交叉跨越距离），可用**测量仪**或使用**绝缘测量工具**测量。禁止使用**皮尺**、**普通绳索**、**线尺**等非绝缘工具进行测量。

【事故警示】

1976年8月2日，陕西某供电局供用电处西郊保王某某、杨某某将皮尺挂在绝缘棒上，在带电测量10kV地一线22号杆导线对地距离，皮尺碰到带电导线，造成两人触电烧伤。

【测试题】

1. 多选题

（1）带电线路导线的垂直距离（导线弛度、交叉跨越距离），可用测量仪或使用绝缘测量工具测量。禁止使用（　　）等非绝缘工具进行测量。

　　A. 皮尺；B. 普通绳索；C. 线尺。

　　答案：ABC

　　2. 填空题

　　（1）带电线路导线的垂直距离（导线弛度、交叉跨越距离），可用（　　　）或使用（　　　）测量工具测量。禁止使用皮尺、普通绳索、线尺等非绝缘工具进行测量。

　　答案：测量仪；绝缘

　　3. 判断题

　　（1）带电线路导线的垂直距离（导线弛度、交叉跨越距离），可以使用皮尺、普通绳索、线尺等非绝缘工具进行测量。

　　答案：错误

7.4 砍剪树木。

7.4.1 在线路带电情况下，砍剪靠近线路的树木时，<u>工作负责人</u>应在工作开始前，向全体人员说明：<u>电力线路有电，人员、树木、绳索应与导线保持表 4 的安全距离</u>。

　　【测试题】

　　1. 单选题

　　（1）在线路带电情况下，砍剪靠近线路的树木时，（　　　）应在工作开始前，向全体人员说明：电力线路有电，人员、树木、绳索应与导线保持表 4 的安全距离。

　　A. 工作许可人；B. 工作票签发人；C. 工作负责人。

　　答案：C

　　（2）在 35kV 线路带电情况下，砍剪靠近线路的树木时，人员、树木、绳索应与导线保持（　　　）的安全距离。

　　A. 3.0m；B. 2.5m；C. 2.0m。

　　答案：B

　　（3）在 110kV 线路带电情况下，砍剪靠近线路的树木时，人员、树木、绳索应与导线保持（　　　）的安全距离。

A. 3.0m；B. 4.0m；C. 5.0m。

答案：A

（4）在330kV线路带电情况下，砍剪靠近线路的树木时，人员、树木、绳索应与导线保持（　　　）的安全距离。

A. 5.0m；B. 6.0m；C. 7.0m。

答案：A

2. 多选题

（1）在线路带电情况下，砍剪靠近线路的树木时，工作负责人应在工作开始前，向全体人员说明：电力线路有电，（　　　）与导线保持《安规》表4的安全距离。

A. 人员；B. 树木；C. 绳索。

答案：ABC

7.4.2 砍剪树木时，应防止<u>马蜂等昆虫或动物伤人</u>。上树时，不应攀抓<u>脆弱和枯死</u>的树枝，并使用<u>安全带</u>。安全带不准系在待砍剪树枝的<u>断口附近或以上</u>。<u>不应攀登已经锯过或砍过的未断树木</u>。

【事故警示】

1988年7月2日，湖北某供电局在清除线路树障工作中，临时工王某某未戴安全帽，下树时，攀抓砍口过深的树梢而导致其折断，从树上掉落地面，抢救无效死亡。

【测试题】

1. 多选题

（1）关于砍剪树木工作，下列叙述正确的有（　　　）。

A. 砍剪树木时，应防止马蜂等昆虫或动物伤人；

B. 上树时，不应攀抓脆弱和枯死的树枝，并使用安全带；

C. 安全带不准系在待砍剪树枝的断口附近或以上；

D. 不应攀登已经锯过或砍过的未断树。

答案：ABCD

2. 填空题

（1）上树时，不应攀抓脆弱和（　　）的树枝。安全带不准系在待砍剪树枝的（　　）附近或以上。不应攀登已经锯过或砍过的未断树木。

答案：枯死；断口

3. 判断题

（1）砍剪树木时，应注意马蜂等昆虫或动物伤人。

答案：正确

（2）上树时，不应攀抓脆弱和枯死的树枝，并使用安全带。安全带不准系在待砍剪树枝的断口附近或以下。不应攀登已经锯过或砍过的未断树木。

答案：错误

7.4.3 砍剪树木应有<u>专人监护</u>。待砍剪的树木下面和倒树范围内不准<u>有人逗留</u>，城区、人口密集区应设置<u>围栏</u>，防止砸伤行人。为防止树木（树枝）倒落在导线上，应设法用绳索将其拉向与导线<u>相反</u>的方向。绳索应有足够的<u>长度和强度</u>，以免拉绳的人员被倒落的树木砸伤。砍剪山坡树木应做好防止树木<u>向下弹跳接近导线</u>的措施。

【事故警示】

7月24日，某供电局220kV某线路高频零序三段B相跳闸（三段不经重合闸），经调度同意强送成功。7月25日安排查线，发现108~109号塔之间线路树梢有放电烧焦痕迹，查线人员伐树前，未对树木采取顺导线倒落措施，所伐树木横向倒向导线，导致伐树人电弧灼伤。

【测试题】

1. 填空题

（1）砍剪树木应有（　　）。待砍剪的树木下面和倒树范围内不准有人逗留，城区、人口密集区应设置（　　），防止砸伤行人。

答案：专人监护；围栏

（2）为防止树木（树枝）倒落在导线上，应设法用绳索将其拉向与导线的（　　　　）方向。绳索应有足够的（　　　　）和强度，以免拉绳的人员被倒落的树木砸伤。

答案：相反；长度

2. 判断题

（1）砍剪树木时，为防止树木（树枝）倒落在导线上，应设法用绳索将其拉向与导线相同的方向。

答案：错误

（2）砍剪树木应有专人监护。待砍剪的树木下面和倒树范围内不准有人逗留，城区、人口密集区应设置围栏，防止砸伤行人。

答案：正确

3. 问答题

（1）砍剪树木时，如何防止树木（树枝）倒落在导线上？

答案：为防止树木（树枝）倒落在导线上，应设法用绳索将其拉向与导线相反的方向。砍剪山坡树木应做好防止树木向下弹跳接近导线的措施。

（2）砍剪树木时，如何防止树木（树枝）倒落伤人？

答案：砍剪树木应有专人监护。待砍剪的树木下面和倒树范围内不准有人逗留，城区、人口密集区应设置围栏，防止砸伤行人。绳索应有足够的长度和强度，以免拉绳的人员被倒落的树木砸伤。

7.4.4　树枝接触或接近高压带电导线时，应将高压线路**停电**或用**绝缘工具**使树枝远离带电导线至安全距离。此前**禁止人体接触**树木。

【**事故警示一**】

1988 年 8 月 23 日，某供电局送电处蔡家坡保线站工作负责人张某某带领马某某、刘某某修剪 35kV 蔡山线超高树修枝。树枝对带电导线安全距离不够，马某某、刘某某未采取任何防范措施，两人站在地上同时推拉高枝锯，树枝碰到导线，造成马某某触电死亡。

【事故警示二】

2007 年 7 月 24 日，陕西某供电局送电处按计划安排线路二班对 110kV 茶牵线全线进行周期巡视，发现新生竹子与线路安全距离不够，在核实过程中巡视人员脚滑身体失衡，抓扶临近带电线路的竹子造成导线对竹子放电，导致人员电弧灼伤。

【测试题】

1. 填空题

（1）树枝接触或接近高压带电导线时，应将高压线路（　　）或用（　　）使树枝远离带电导线至安全距离。此前禁止人体接触树木。

答案：停电；绝缘工具

（2）树枝接触或接近高压带电导线时，应将高压线路停电或用（　　）使树枝远离带电导线至安全距离。此前禁止人体（　　）树木。

答案：绝缘工具；接触

2. 判断题

（1）树枝接触或接近高压带电导线时，应将高压线路停电或用工具使树枝远离带电导线至安全距离。此前禁止人体接触树木。

答案：错误

7.4.5 风力超过 **5 级**时，禁止砍剪<u>高出或接近</u>导线的树木。

【测试题】

1. 单选题

（1）风力超过（　　）时，禁止砍剪高出或接近导线的树木。

A. 4 级；B. 5 级；C. 6 级。

答案：B

2. 判断题

（1）风力超过 5 级时，禁止砍剪高出或接近导线的树木。

答案：正确

7.4.6 使用油锯和电锯的作业，应由熟悉**机械性能**和**操作方法**的人员操作。使用时，应先检查所能锯到的范围内有无**铁钉**等**金属物件**，以防金属物体飞出伤人。

【测试题】

1. 填空题

（1）使用油锯和电锯的作业，应由熟悉（　　　）和（　　　）的人员操作。

答案：机械性能；操作方法

2. 问答题

（1）使用油锯和电锯砍剪树木时，有哪些规定和要求？

答案：使用油锯和电锯的作业，应由熟悉机械性能和操作方法的人员操作。使用时，应先检查所能锯到的范围内有无铁钉等金属物件，以防金属物体飞出伤人。

8 邻近带电导线的工作

本章要点

本章针对在带电线路杆塔、交叉临近其他电力线路、同杆架设部分停电线路上的工作，对人员行为、安全距离、工具使用、安全措施等方面做出规定，同时对邻近高压线路感应电压防护措施提出具体要求。

8.1　在带电线路杆塔上的工作。

8.1.1　在带电杆塔上进行**测量、防腐、巡视检查、紧杆塔螺栓、清除杆塔上异物**等工作，作业人员活动范围及其所携带的工具、材料等，与带电导线最小距离不准小于**表 3** 的规定。

表 3　在带电线路杆塔上工作与带电导线最小安全距离

电压等级 kV	安全距离 m	电压等级 kV	安全距离 m
交流线路			
10 及以下	0.7	330	4.0
20、35	1.0	500	5.0
66、110	1.5	750	8.0
220	3.0	1000	9.5
直流线路			
±50	1.5	±660	9.0
±400	7.2	±800	10.1
±500	6.8		

进行上述工作，应使用**绝缘无极绳索**，风力应不大于**5级**，并应有**专人监护**。如不能保持**表3**要求的距离时，应按照**带电作业**工作或**停电**进行。

【事故警示】

8月11日，辽宁某电业局送电工区安排对66kV南石线81基杆进行带电登杆检查，工作票所列安全距离严重错误（0.7m），作业人员未与设备带电部位保持足够安全距离（66kV，安全距离1.5m），触电坠落死亡。

【测试题】

1. 单选题

（1）带电杆塔上进行测量、防腐、巡视检查、紧杆塔螺栓、清除杆塔上异物等工作，风力应不大于（ ）。

A. 4级；B. 5级；C. 6级。

答案：B

（2）在110kV带电线路杆塔上工作，作业人员及其所携带的工具、材料等与带电导线最小安全距离为（ ）。

A. 1.5m；B. 2.0m；C. 2.5m。

答案：A

2. 填空题

（1）在带电杆塔上进行测量、防腐、巡视检查、紧杆塔螺栓、清除杆塔上异物等工作，作业人员活动范围及其所携带的( )、( )等，与带电导线最小距离不得小于《安规》表3的规定。

答案：工具；材料

（2）在带电线路杆塔上的工作，如不能保证安全距离时，应按照（ ）工作或（ ）进行。

答案：带电作业；停电

3. 判断题

（1）在带电线路杆塔上的工作，应使用绝缘无极绳索，风力应不大于5级，并应有专人监护。

答案：正确

8.1.2 在**10kV**及以下的带电杆塔上进行工作，作业人员距最下层带电导线的垂直距离不准小于**0.7m**。

【测试题】

1. 单选题

（1）在 10kV 及以下的带电杆塔上进行工作，作业人员距最下层带电导线的垂直距离不得小于（　　　）。

A. 0.5m；B. 0.6m；C. 0.7m。

答案：C

2. 填空题

（1）在（　　　）及以下的带电杆塔上进行工作，作业人员距（　　　）带电导线的垂直距离不得小于 0.7m。

答案：10kV；最下层

8.1.3 运行中的高压直流输电系统的直流接地极线路和接地极应视为**带电线路**。各种工作情况下，邻近运行中的直流接地极线路导线的最小安全距离按**±50kV** 直流电压等级控制。

【测试题】

1. 填空题

（1）运行中的高压直流输电系统的直流接地极线路和接地极应视为（　　　）。各种工作情况下，邻近运行中的直流接地极线路导线的最小安全距离按（　　　）直流电压等级控制。

答案：带电线路；±50kV

8.2 邻近或交叉其他电力线路的工作。

8.2.1 停电检修的线路如与另一回带电线路相**交叉**或**接近**，以致工作时人员和工器具可能和另一回导线接触或接近至**表4**规定的安全距离以内，则另一回线路也应**停电**并予**接地**。如邻近或交叉的线路不能停电时，应遵守 8.2.2～8.2.4 条的规定。工作中应采取防止**损伤另一回线路**的措施。

表 4　邻近或交叉其他电力线工作的安全距离

电压等级 kV	安全距离 m	电压等级 kV	安全距离 m
交流线路			
10 及以下	1.0	330	5.0
20、35	2.5	500	6.0
66、110	3.0	750	9.0
220	4.0	1000	10.5
直流线路			
±50	3.0	±660	10.0
±400	8.2	±800	11.1
±500	7.8		

【事故警示】

1995 年 10 月 28 日，湖北某 10kV 线路 3 号杆红石亮村支线拆除工作中，在支线 1 号杆工作的关某某转位时不慎触动了中相导线，导致该导线跳动并触及支线 0 号～1 号上方跨越的带电的 10kV 建陶线，关某某触电死亡。事后测量支线与建陶线交叉垂直距离仅为 0.45m。

【测试题】

1. 填空题

（1）停电检修的线路如与另一回带电线路相（　　）或接近，以致工作时人员和工器具可能和另一回导线接触或接近至《安规》表 4 规定的安全距离以内，则另一回线路也应停电并予（　　）。

答案：交叉；接地

（2）与停电检修的线路邻近或交叉的线路不能停电时，应遵守 8.2.2～8.2.4 条的规定。工作中应采取防止（　　）的措施。

答案：损伤另一回线路

8.2.2　邻近带电的电力线路进行工作时，有可能接近带电导线至

表4规定的安全距离以内时，应做到**以下要求**：

a）采取有效措施，使人体、导线、施工机具等与带电导线符合表 4 安全距离规定，牵引绳索和拉绳符合表 19 安全距离规定。

b）作业的导、地线还应在工作地点接地。绞车等牵引工具应接地。

【测试题】

1. 单选题

（1）在邻近带电 110kV 线路进行工作时，人体、导线、施工机具等与带电导线的最小安全距离应为（   ），牵引绳索和拉绳与带电导线的最小安全距离为（   ）。

A. 1m；3m。B. 2.5m；4m。C. 3m；5m。

答案：C

（2）在邻近带电 330kV 线路进行工作时，人体、导线、施工机具等与带电导线的最小安全距离应为（   ），牵引绳索和拉绳与带电导线的最小安全距离为（   ）。

A. 4m；6m。B. 5m；7m。C. 6m；8m。

答案：B

（3）邻近带电的电力线路进行工作时，作业的（   ）还应在工作地点接地。

A. 导、地线；B. 地线；C. 导线。

答案：A

2. 填空题

（1）邻近带电的电力线路进行工作时，作业的导、地线还应在工作地点（   ）。绞车等牵引工具应（   ）。

答案：接地；接地

8.2.3 在交叉档内**松紧、降低**或架设导、地线的工作，只有停电检修线路在带电线路**下面**时才可进行，应采取防止导、地线产生**跳动或过牵引**而与带电导线接近至**表 4** 规定的安全距离以内的措施。

停电检修的线路如在另一回线路的上面，而又必须在该线路不停电情况下进行<u>放松或架设导、地线</u>以及<u>更换绝缘子</u>等工作时，应采取安全可靠的措施。安全措施应经工作人员充分讨论后，经<u>工区批准</u>执行。<u>措施应能保证</u>：

a）检修线路的导、地线牵引绳索等与带电线路的导线应保持表 4 规定的安全距离。

b）要有防止导、地线脱落、滑跑的后备保护措施。

【测试题】

1. 多选题

（1）在交叉档内（　　）的工作，只有停电检修线路在带电线路下面时才可进行，应采取防止导、地线产生跳动或过牵引而与带电导线接近至《安规》表 4 规定的安全距离以内的措施。

A. 松紧导、地线；B. 降低导、地线；C. 架设导、地线。

答案：ABC

（2）在交叉档内松紧、降低或架设导、地线的工作，只有停电检修线路在带电线路下面时才可进行，应采取防止导、地线产生（　　）而与带电导线接近至《安规》表 4 规定的安全距离以内的措施。

A. 平移；B. 牵引不足；C. 过牵引；D. 跳动。

答案：CD

2. 填空题

（1）停电检修的线路如在另一回线路的上面，而又必须在该线路不停电情况下进行放松或架设导、地线以及更换绝缘子等工作时，要有防止导、地线（　　）、（　　）的后备保护措施。

答案：脱落；滑跑

8.2.4 在变电站、发电厂出入口处或线路中间某一段有两条以上相互靠近的平行或交叉线路时，<u>要求</u>：

a）每基杆塔上都应有线路名称、杆号。

b）经核对停电检修线路的线路名称、杆号无误，验明线路确已停电并挂好地线后，工作负责人方可宣布开始工作。

c）在该段线路上工作，登杆塔时要核对停电检修线路的线路名称、杆号无误，并设专人监护，以防误登有电线路杆塔。

【事故警示一】

1996 年 11 月 5 日，陕西某供电局送电工区进行 110kV 南阿 II 线路清扫工作。带电三班工作人员常某某从 32 号杆往 33 号杆转移，在监护人没有到位，又未核对线路名称、杆号的情况下，误登与南阿 II 线路平行的南阿 I 线路，遭到触电，从高处坠落，造成重伤。

【事故警示二】

2007 年 1 月 26 日，湖南某电业局对 110kV 酃牵 I 线部分杆塔进行迁改和对酃牵 I 线、酃牵 I 线衡北支线部分杆塔进行登检及绝缘子清扫工作，作业人员误登平行带电线路触电坠落死亡。工作班成员登塔前未核对线路杆号、名称，是发生事故的主要原因。

【测试题】

1．问答题

（1）在变电站、发电厂出入口处或线路中间某一段有两条以上相互靠近的平行或交叉线路工作时，有哪些要求？

答案：每基杆塔上都应有线路名称、杆号；经核对停电检修线路的线路名称、杆号无误，验明线路确已停电并挂好地线后，工作负责人方可宣布开始工作；在该段线路上工作，登杆塔时要核对停电检修线路的线路名称、杆号无误，并设专人监护，以防误登有电线路杆塔。

8.3 同杆塔架设多回线路中部分线路停电的工作。

8.3.1 同杆塔架设的多回线路中部分线路停电或直流线路中单级线路停电检修，应在工作人员对带电导线最小距离不小于**表 3** 规定的安全距离时，才能进行。

禁止在有同杆架设的 **10（20）kV 及以下线路带电**情况下，进行另一回线路的<u>停电施工作业</u>。若在同杆架设的 10（20）kV 及以下线路带电情况下，当满足**表 4** 规定的安全距离且采取可靠**防止人身安全措施**的情况下，可以进行<u>下层</u>线路的登杆<u>停电检修</u>工作。

【事故警示】

2002 年 11 月 27 日，甘肃某公司下属某分公司配电施工班进行景泰县二期农网改造工作中，在同杆架设带电的 10kV 线路下层进行低压放线施工，作业人员对保留的带电部位和作业现场条件、环境及危险点不清，安全距离不够，误碰高压线路触电死亡。

【测试题】

1. 填空题

（1）同杆架设的 10（20）kV 及以下线路带电，当满足表《安规》表 4 规定的安全距离且采取可靠防止人身安全措施的情况下，可以进行（　　　）线路的登杆（　　　）工作。

答案：下层；停电检修

2. 判断题

（1）禁止在有同杆架设的 10（20）kV 及以下线路带电情况下，进行另一回线路的停电检修工作。

答案：错误

（2）同杆塔架设的多回线路中部分线路停电或直流线路中单极线路停电检修，应在工作人员对带电导线最小距离不小于《安规》表 3 规定的安全距离时，才能进行。

答案：正确

8.3.2 遇有 **5 级以上**的大风时，禁止在同杆塔多回线路中进行<u>部分线路停电检修工作</u>及<u>直流单级线路停电检修工作</u>。

【测试题】

1. 单选题

（1）遇有（　　　）以上的大风时，禁止在同杆塔多回线路中进行部分线路停电检修工作及直流单极线路停电检修工作。

A. 4 级；B. 5 级；C. 6 级。

答案：B

2. 判断题

（1）遇有 5 级以上的大风时，禁止在同杆塔多回线路中进行部分线路停电检修工作及直流单极线路停电检修工作。

答案：正确

8.3.3 <u>工作票签发人</u>和<u>工作负责人</u>对停电检修线路的称号应特别注意正确填写和检查。多回线路中的每回线路（直流线路每极）都应填写<u>双重称号</u>。

【测试题】

1. 多选题

（1）同杆塔多回线路中部分线路停电的工作，（   ）对停电检修线路的称号应特别注意正确填写和检查。

A. 工作许可人；B. 工作票签发人；C. 工作负责人。

答案：BC

2. 填空题

（1）同杆塔多回线路中部分线路停电的工作，工作票签发人和（   ）对停电检修线路的称号应特别注意正确填写和检查。多回线路中的每回线路（直流线路每极）都应填写（   ）。

答案：工作负责人；双重称号

8.3.4 工作负责人在接受许可开始工作的命令时，应与<u>工作许可人</u>核对停电线路<u>双重称号</u>无误。如不符或有任何疑问时，不准<u>开始工作</u>。

【测试题】

1. 单选题

（1）同杆塔多回线路中部分线路停电的工作，工作负责人在接受许可开始工作的命令时，应与（   ）核对停电线路双重称号无误。

A. 值班调控人员或运维人员；B. 工作票签发人；C. 工作许可人。

答案：C

2. 填空题

（1）同杆塔多回线路中部分线路停电的工作，工作负责人在接受许可开始工作的命令时，应与工作许可人核对停电线路（　　　）无误。如不符或有任何疑问时，不准（　　　）。

答案：双重称号；开始工作

8.3.5 为了防止在同杆塔架设多回线路中误登有电线路及直流线路中误登有电极，还应采取**以下措施**：

8.3.5.1 每基杆塔应设识别标记（色标、判别标帜等）和线路名称、杆号。

8.3.5.2 工作前应发给作业人员相对应线路的识别标记。

8.3.5.3 经核对停电检修线路的识别标记和线路名称、杆号无误，验明线路确已停电并挂好接地线后，工作负责人方可发令开始工作。

8.3.5.4 登杆塔和在杆塔上工作时，每基杆塔都应设专人监护。

8.3.5.5 作业人员登杆塔前应核对停电检修线路的识别标记和线路名称、杆号无误后，方可攀登。登杆塔至横担处时，应再次核对停电线路的识别标记与双重称号，确实无误后方可进入停电线路侧横担。

【事故警示】

2003 年 3 月 29 日，陕西某供电局送电处停电检修 35kV 良杜 I 线，作业人员误入同塔架设的带电线路触电死亡。杆上作业人员未核对线路双重称号和辨认线路色标，误入带电侧工作，是事故发生的直接原因。

【测试题】

1. 问答题

（1）同杆塔多回线路中部分线路停电的工作，为了防止在同杆塔架设多回线路中误登有电线路及直流线路中误登有电极，应采取哪些措施？

答案：每基杆塔应设识别标记（色标、判别标帜等）和线路名称、杆号；工作前应发给作业人员相对应线路的识别标记；经核对停电检修线路的识别标记和线路名称、杆号无误，验明线路确已停电并挂好接地线后，工作负责人方可发令开始工作；登杆塔和在杆塔上工作时，每基杆塔都应设专人监护；作业人员登杆塔前应核对停电检修线路的识别标记和线路名称、杆号无误后，方可攀登。登杆塔至横担处时，应再次核对停电线路的识别标记与双重称号，确实无误后方可进入停电线路侧横担。

8.3.6 在杆塔上进行工作时，不准进入<u>带电侧</u>的横担，或在该侧横担上<u>放置任何物件</u>。

【测试题】

1. 填空题

（1）同杆塔多回线路中部分线路停电的工作时，不准进入（   ）的横担，或在该侧横担上（   ）。

答案：带电侧；放置任何物件

8.3.7 绑线要在下面绕成<u>小盘</u>再带上杆塔使用。禁止在杆塔上<u>卷绕</u>或<u>放开</u>绑线。

【测试题】

1. 多选题

（1）同杆塔多回线路中部分线路停电的工作，绑线要在下面绕成小盘再带上杆塔使用。严禁在杆塔上（   ）绑线。

A. 传递；B. 卷绕；C. 放开。

答案：BC

2. 填空题

（1）同杆塔多回线路中部分线路停电的工作，绑线要在下面绕成（   ）再带上杆塔使用。严禁在杆塔上（   ）或放开绑线。

答案：小盘；卷绕

8.3.8 在停电线路一侧吊起或向下放落工具、材料等物体时，应使用<u>绝缘无极绳圈</u>传递，物件与带电导线的安全距离应符合表 **4**的规定。

【测试题】

1. 填空题

（1）同杆塔多回线路中部分线路停电的工作，在停电线路一侧吊起或向下放落工具、材料等物体时，应使用（　　）传递。

答案：绝缘无极绳圈

8.3.9 <u>放线</u>或<u>撤线、紧线</u>时，应采取措施防止导线或架空地线由于<u>摆（跳）动</u>或其他原因而与带电导线接近至危险距离以内。

在同杆塔架设的多回线路上，下层线路带电，上层线路停电作业时，不准进行<u>放、撤导线和地线的工作</u>。

【事故警示】

1999 年 12 月 11 日，陕西某电力局对 10kV 城温线进行改造，作业人员在同杆塔架设的多回线路下层带电情况下，对上层线路停电进行放、撤线的工作，拆除的导线触及带电线路造成触电事故。

【测试题】

1. 多选题

（1）同杆塔多回线路中部分线路停电的工作，（　　）时，应采取措施防止导线或架空地线由于摆（跳）动或其他原因而与带电导线接近至危险距离以内。

A. 放线；B. 撤线；C. 紧线。

答案：ABC

2. 填空题

（1）在同杆塔架设的多回线路上，下层线路带电，上层线路停电作业时，不准进行（　　）的工作。

答案：放、撤导线和地线

（2）在同杆塔架设的多回路上，放线或撤线、紧线时，应采取措施防止导线或架空地线由于（   ）或其他原因而与带电导线接近至危险距离以内。

答案：摆（跳）动

8.3.10　绞车等牵引工具应**接地**，放落和架设过程中的导线亦应**接地**，以防止产生感应电。

【测试题】

1. 填空题

（1）在同杆塔多回线路上，部分线路停电进行放线或撤线、紧线时，绞车等牵引工具应（   ），放落和架设过程中的导线亦应（   ），以防止产生感应电。

答案：接地；接地

8.4　邻近高压线路感应电压的防护。

8.4.1　在**330kV 及以上**电压等级的线路杆塔上及变电站构架上作业，应采取**防静电感应**措施，例如穿戴**相应电压等级的全套屏蔽服**（包括帽、上衣、裤子、手套、鞋等，下同）或**静电感应防护服和导电鞋**等（220kV 线路杆塔上作业时宜穿导电鞋）。

【测试题】

1. 多选题

（1）在 330kV 及以上电压等级的线路杆塔上及变电站构架上作业，应采取防静电感应措施，例如穿戴 （   ）。

A. 相应电压等级的全套屏蔽服；B. 工作服；C. 静电感应防护服和导电鞋。

答案：AC

（2）在 330kV 及以上电压等级的线路杆塔上及变电站构架上作业，应采取防静电感应措施，例如穿戴相应电压等级的全套屏蔽服，包括（   ）等。

A. 帽；B. 上衣；C. 裤子；D. 护目镜；E. 手套；F. 鞋。

答案：ABCEF

2. 填空题

（1）在 330kV 及以上电压等级的带电线路杆塔上及变电站构架上作业，应采取（　　　）。

答案：防静电感应措施

3. 判断题

（1）在 220kV 带电线路杆塔上作业时宜穿导电鞋。

答案：正确

8.4.2 在±400kV 及以上电压等级的直流线路单级停电侧进行工作时，应穿着**全套屏蔽服**。

【测试题】

1. 填空题

（1）在±400kV 及以上电压等级的直流线路单级停电侧进行工作时，应穿着全套（　　　）。

答案：屏蔽服

8.4.3 带电更换架空地线或架设耦合地线时，应通过**金属滑车**可靠**接地**。

【测试题】

1. 填空题

（1）带电更换架空地线或架设耦合地线时，应通过（　　　）可靠（　　　）。

答案：金属滑车；接地

8.4.4 绝缘架空地线应视为**带电体**。作业人员与绝缘架空地线之间的距离不应小于 **0.4m**（**1000kV 为 0.6m**）。如需在绝缘架空地线上作业时，应用**接地线或个人保安线**将其可靠**接地**或采用**等电位**方式进行。

【事故警示】

1979 年 5 月 12 日，四川某供电局带电班在某 220kV 线路杆塔防腐刷漆工作中，工作班成员刘某某触及有感应电的绝缘架空地线，触电死亡。

【测试题】

1. 单选题

（1）作业人员与绝缘架空地线之间的距离不应小于（　　），1000kV 为 0.6m。

A. 0.4m；B. 0.5m；C. 0.6m。

答案：A

2. 多选题

（1）如需在绝缘架空地线上作业时，可采用（　　）方式进行。

A. 用接地线将其可靠接地；B. 用个人保安线将其可靠接地；C. 等电位方式。

答案：ABC

3. 判断题

（1）绝缘架空地线应视为带电体。

答案：正确

（2）作业人员与绝缘架空地线之间的距离不应小于 0.4m（1000kV 为 0.6m）。

答案：正确

8.4.5 用绝缘绳索传递大件金属物品（包括工具、材料等）时，杆塔或地面上作业人员应将金属物品**接地后再接触**，以防电击。

【测试题】

1. 填空题

（1）邻近高压线路工作，用绝缘绳索传递大件金属物品时，杆塔或地面上作业人员应将金属物品（　　）后再（　　），以防电击。

答案：接地；接触

2. 判断题

（1）邻近高压线路工作，用绝缘绳索传递大件金属物品时，杆塔或地面上作业人员应将金属物品接地后再接触，以防电击。

答案：正确

9 线 路 施 工

本章要点

　　本章对坑洞开挖、杆塔上作业、立撤杆塔、撤放导线等各类型线路施工作业，规定了施工组织、人员行为、人身防护、作业程序等方面安全要求，对涉及的高空作业、起吊、跨越架搭设也作出针对性规定。

9.1 坑洞开挖与爆破。

9.1.1 挖坑前，应与有关**地下管道、电缆**等地下设施的主管单位取得联系，明确地下设施的**确切位置**，做好**防护措施**。组织外来人员施工时，应将**安全注意事项**交代清楚，并加强**监护**。

　　【测试题】

　　1. 填空题

　　（1）挖坑前，应与有关地下管道、（　　　）等地下设施的主管单位取得联系，明确地下设施的确切位置，做好（　　　）措施。

　　答案：电缆；防护

　　（2）组织外来人员坑洞开挖施工时，应将（　　　）交代清楚，并加强（　　　）。

　　答案：安全注意事项；监护

9.1.2 挖坑时，应及时清除坑口附近**浮土、石块**，坑边禁止**外人逗留**。在超过 **1.5m** 深的基坑内作业时，向坑外抛掷土石应防止土石回落坑内，并做好防止土层塌方的**临边防护措施**。作业人员不准在坑内**休息**。

【测试题】

1. 单选题

（1）在超过（   ）深的基坑内作业时，向坑外抛掷土石应防止土石回落坑内，并做好防止土层塌方的临边防护措施。

A. 0.7m；B. 1.0m；C. 1.5m。

答案：C

2. 填空题

（1）挖坑时，应及时清除坑口附近浮土、（   ），坑边（   ）。

答案：石块；禁止外人逗留

3. 判断题

（1）在超过1.5m深的基坑内作业时，向坑外抛掷土石应防止土石回落坑内，并做遮栏。挖坑时，作业人员不准在坑内休息。

答案：错误

9.1.3 在土质松软处挖坑，应有防止<u>塌方</u>措施，如加<u>挡板</u>、<u>撑木</u>等。不准站在<u>挡板</u>、<u>撑木上传递土石</u>或放置<u>传土工具</u>。禁止由<u>下</u><u>部</u>掏挖土层。

【测试题】

1. 填空题

（1）在土质松软处挖坑，应有防止（   ）措施，如加挡板、撑木等。不准站在挡板、撑木上传递土石或放置（   ）。

答案：塌方；传土工具

（2）在土质松软处挖坑，禁止由（   ）掏挖土层。

答案：下部

2. 判断题

（1）在土质松软处挖坑，应有防止塌方措施，如加挡板、撑木等。不准站在挡板、撑木上传递土石或放置传土工具。禁止由下部掏挖土层。

答案：正确

9.1.4 在<u>下水道、煤气管线、潮湿地、垃圾堆或有腐质物等附近</u>

挖坑时，应设**监护人**。在挖深超过 **2m** 的坑内工作时，应采取**安全措施，如戴防毒面具、向坑中送风和持续检测**等。监护人应密切注意挖坑人员，防止煤气、硫化氢等有毒气体中毒及沼气等可燃气体爆炸。

【测试题】

1. 单选题

（1）在下水道、煤气管线、潮湿地、垃圾堆或有腐质物等附近挖坑，应设监护人。在挖深超过（   ）的坑内工作时，应采取安全措施，如戴防毒面具、向坑中送风和持续检测等。

A. 2m；B. 1m；C. 1.5m。

答案：A

2. 填空题

（1）在下水道、煤气管线、潮湿地、垃圾堆或有腐质物等附近挖坑，应设监护人。在挖深超过 2m 的坑内工作时，应采取安全措施，如戴（   ）、向坑中送风和（   ）等。

答案：防毒面具；持续检测

3. 判断题

（1）在下水道、煤气管线、潮湿地、垃圾堆或有腐质物等附近挖坑时，应设监护人。

答案：正确

9.1.5 在居民区及交通道路附近开挖的基坑，应设**坑盖**或**可靠遮栏**，加挂**警告标示牌**，夜间挂**红灯**。

【测试题】

1. 填空题

（1）在居民区及交通道路附近开挖的基坑，应设（   ）或可靠遮栏，加挂警告标示牌，夜间挂（   ）。

答案：坑盖；红灯

2. 判断题

（1）在居民区及交通道路附近开挖的基坑，应设坑盖或可靠遮栏，加挂警告标示牌，夜间挂红灯。

答案：正确

9.1.6 塔脚检查，在不影响铁塔**稳定**的情况下，可以在**对角线**的两个塔脚同时挖坑。

【测试题】

1. 单选题

（1）塔脚检查，在不影响铁塔稳定的情况下，可以在（   ）的两个塔脚同时挖坑。

A. 相邻；B. 任意；C. 对角线。

答案：C

2. 填空题

（1）塔脚检查，在不影响铁塔（   ）的情况下，可以在（   ）的两个塔脚同时挖坑。

答案：稳定；对角线

9.1.7 进行石坑、冻土坑打眼或打桩时，应检查**锤把、锤头及钢钎**。扶钎人应站在打锤人**侧面**。打锤人不准**戴手套**。钎头有**开花**现象时，应及时**修理或更换**。

【事故警示】

1983 年 2 月 24 日，吉林某电气服务公司在某 6.3kV 线路升压改造工程中，张某某在打锚桩时，由于钢钎头有开花现象，铁屑飞起打在扶钎人张某右眼导致失明。

【测试题】

1. 填空题

（1）进行石坑、冻土坑打眼或打桩时，应检查锤把、锤头及（   ）。扶钎人应站在打锤人（   ）。

答案：钢钎；侧面

（2）使用钢钎进行石坑、冻土坑打眼或打桩时，打锤人不准（   ）。钎头有（   ）现象时，应及时修理或更换。

答案：戴手套；开花

2. 判断题

（1）使用钢钎进行石坑、冻土坑打眼或打桩时，扶钎人应站在打锤人对面，打锤人不准戴手套。（　　）

答案：错误

（2）使用钢钎进行石坑、冻土坑打眼或打桩时，应检查锤把、锤头及钢钎。钎头有开花现象时，应及时修理或更换。

答案：正确

9.1.8 变压器台架的木杆打帮桩时，相邻两杆不准<u>同时</u>挖坑。承力杆打帮桩挖坑时，应采取防止<u>倒杆</u>的措施。使用铁钎时，注意<u>上方</u>导线。

【测试题】

1. 填空题

（1）变压器台架的木杆打帮桩时，相邻两杆不准（　　）挖坑。

答案：同时

（2）承力杆打帮桩挖坑时，应采取防止（　　）的措施。使用铁钎时，注意（　　）导线。

答案：倒杆；上方

9.1.9 线路施工需要进行爆破作业应遵守<u>《民用爆炸物品安全管理条例》</u>等国家有关规定。

【测试题】

1. 填空题

（1）线路施工需要进行爆破作业应遵守《（　　）》等国家有关规定。

答案：民用爆炸物品安全管理条例

9.2 杆塔上作业。

9.2.1 攀登杆塔作业前，应先检查<u>根部、基础和拉线</u>是否牢固。新立杆塔在杆基未完全<u>牢固</u>或做好<u>临时拉线</u>前，禁止攀登。遇有冲刷、起土、上拔或导地线、拉线松动的杆塔，应先<u>培土加固</u>、打好<u>临时拉线</u>或<u>支好架杆</u>后，再行登杆。

【事故警示】

2011年10月15日，华北某供电公司某区电力管理局火石营供电所在10kV黄昏峪522线路停电检修更换耐张杆施工过程中，未按要求安装临时拉线，在未做好防止倒杆措施情况下，擅自登杆作业，发生倒杆，造成作业人员砸伤死亡。

【测试题】

1. 填空题

（1）攀登杆塔作业前，应先检查（　　　）、（　　　）和拉线是否牢固。

答案：根部；基础

（2）新立杆塔在杆基未完全（　　　）或做好（　　　）前，禁止攀登。

答案：牢固；临时拉线

（3）遇有冲刷、起土、上拔或导地线、拉线松动的杆塔，应先（　　　），打好（　　　）或支好架杆后，再行登杆。

答案：培土加固；临时拉线

2. 判断题

（1）攀登杆塔作业前，应先检查根部、基础和拉线是否牢固。新立杆塔在杆基未完全牢固或做好临时拉线前，禁止攀登。

答案：正确

（2）遇有冲刷、起土、上拔或导地线、拉线松动的杆塔，应先培土加固、打好临时拉线或支好架杆后，再行登杆。

答案：正确

9.2.2 登杆塔前，应先检查<u>登高工具、设施，如脚扣、升降板、安全带、梯子和脚钉、爬梯、防坠装置等</u>是否完整牢靠。禁止<u>携带器材</u>登杆或在杆塔上移位。禁止利用<u>绳索、拉线</u>上下杆塔或<u>顺杆下滑</u>。攀登有覆冰、积雪的杆塔时，应采取<u>防滑</u>措施。

上横担进行工作前，应检查横担连接是否**牢固**和**腐蚀**情况，检查时安全带（绳）应系在**主杆**或**牢固的构件**上。

【事故警示】

2000 年 10 月 19～21 日，陕西某供电局送电工区检修班对 330kV 雍马线进行综合检修。20 日，工作班成员符某某清扫完 18 号杆（27m Ⅱ杆）绝缘子，从南侧杆子下杆至距离地面 4.5m 左右处时，由于右手侧缺少两个脚钉，身体失去平衡，摔下致伤。

【测试题】

1. 多选题

（1）下列关于登杆作业叙述正确的是（　　　）。

A. 登杆塔前，应先检查登高工具、设施，如脚扣、升降板、安全带、梯子和脚钉、爬梯、防坠装置等是否完整牢靠；

B. 允许携带器材登杆或在杆塔上移位；

C. 禁止利用绳索、拉线上下杆塔或顺杆下滑；

D. 攀登有覆冰、积雪的杆塔时，应采取防滑措施。

答案：ACD

2. 填空题

（1）登杆塔前，应先检查登高工具、设施，如（　　　）、升降板、安全带、梯子和（　　　）、爬梯、防坠装置等是否完整牢靠。

答案：脚扣；脚钉

（2）禁止利用绳索、拉线上下杆塔或（　　　）。攀登有覆冰、积雪的杆塔时，应采取（　　　）措施。

答案：顺杆下滑；防滑

（3）上横担进行工作前，应检查横担连接是否牢固和（　　　）情况，检查时安全带（绳）应系在主杆或（　　　）上。

答案：腐蚀；牢固的构件

3. 判断题

（1）禁止携带器材登杆或在杆塔上移位。可以利用绳索、拉线上下杆塔或顺杆下滑。

答案：错误

（2）上横担进行工作前，应检查横担连接是否牢固和腐蚀情况，检查时安全带（绳）应系在主杆或牢固的构件上。

答案：正确

9.2.3 作业人员攀登杆塔、杆塔上转位及杆塔上作业时，手扶的构件应**牢固**，不准失去**安全保护**，并防止安全带从杆顶**脱出**或被锋利物**损坏**。

【事故警示】

2006 年 4 月 10 日，甘肃某供电公司麻沿供电所按计划进行杜河台区 0.4kV 农网改造施工。工作负责人和工作班成员互换角色，安全职责不清，工作负责人登杆过程中失去安全带保护，高处坠落死亡。

【测试题】

1. 填空题

（1）作业人员攀登杆塔、杆塔上转位及杆塔上作业时，手扶的构件应（　　　），不准失去（　　　）。

答案：牢固；安全保护

（2）作业人员攀登杆塔、杆塔上转位及杆塔上作业时，应防止安全带从杆顶（　　　）或被锋利物（　　　）。

答案：脱出；损坏

9.2.4 在杆塔上作业时，应使用有**后备保护绳**或**速差自锁器**的**双控背带式安全带**，当后备保护绳超过 **3m** 时，应使用**缓冲器**。安全带和后备保护绳应分别挂在杆塔**不同部位**的**牢固构件**上，后备保护绳不准**对接**使用。

【事故警示一】

2005 年 5 月 30 日，陕西省电力公司某供电局送电处组织复转军人在模拟线路上进行出线更换防振锤实习培训。实习人员朱某系好安全带（未使用双控背带式安全带），并将后备保险绳挂在铁塔横担上后，出线至防振锤安装位置。在返回铁塔行进到线路侧第一至第二片瓷瓶之间时，身体失去平衡翻落至导线下，多次尝试向上翻起未成功，当再次伸出双手试图抓住横担的瞬间，安全带突然从上肢滑脱，从12m高处坠落至地面，造成人身重伤事故。

【事故警示二】

2006年3月29日，陕西某供电局电缆公司承担的10kV地一线、地八线（同杆架设）架空线路落地改电缆工程。施工过程中，杆上作业人员刘某某解开腰绳（无后备保护绳），在转向西侧地八线移位过程中，脚未踩稳，手未抓牢，发生从距地约6m高空坠落，造成人身重伤事故。

【事故警示三】

1998年4月22日，陕西某供电局工程处在110kV镇长线路架设施工中，牵引导线时安全带系在导线上，导线跑线，作业人员沿导线高空滑落轻伤。

【测试题】

1. 单选题

（1）在杆塔上作业时，应使用有后备保护绳或速差自锁器的双控背带式安全带，当后备保护绳超过（ ）时，应使用缓冲器。

A. 2m；B. 3m；C. 4m。

答案：B

2. 填空题

（1）在杆塔上作业时，应使用有后备保护绳或速差自锁器的（ ）安全带，当后备保护绳超过3m时，应使用（ ）。

答案：双控背带式；缓冲器

（2）在杆塔上作业时，安全带和后备保护绳应分别挂在杆塔（ ）部位的牢固构件上，后备保护绳不准（ ）使用。

答案：不同；对接

9.2.5 杆塔上作业应使用<u>工具袋</u>，较大的工具应固定在<u>牢固的构</u>

件上，不准随便乱放。上下传递物件应用**绳索**拴牢传递，禁止**上下抛掷**。

在杆塔上作业，工作点下方应按**坠落半径**设**围栏**或**其他保护措施**。

杆塔上下无法避免垂直交叉作业时，应做好**防落物伤人**的措施，作业时要**相互照应，密切配合**。

【事故警示】

1973年9月21日，湖北某110kV线路429号杆更换横担工作中，杆上作业人员王某某将工具袋挂在原木横担抱箍螺栓上，当其拆下横担剪切螺栓后，工具袋从螺栓上滑落，袋内一扳手砸伤杆下一民工。

【测试题】

1. 单选题

（1）杆塔上下无法避免垂直交叉作业时，应做好（　　）的措施。作业时要相互照应，密切配合。

A. 防高处触电；B. 防落物伤人；C. 防高处坠落。

答案：B

2. 填空题

（1）杆塔上作业应使用（　　），较大的工具应固定在牢固的构件上，不准随便乱放。上下传递物件应用绳索拴牢传递，禁止（　　）。

答案：工具袋；上下抛掷

（2）在杆塔上作业，工作点下方应按（　　）设（　　）或其他保护措施。

答案：坠落半径；围栏

（3）杆塔上下无法避免垂直交叉作业时，应做好（　　）的措施，作业时要（　　），密切配合。

答案：防落物伤人；相互照应

3. 判断题

（1）杆塔上作业应使用工具袋，较大的工具应摆放在牢固的构件上，不准随便乱放。上下传递物件应用绳索拴牢传递，禁止上下抛掷。

答案：错误

（2）在杆塔上作业，工作点下方应按坠落半径设围栏或其他保护措施。

答案：正确

9.2.6 在杆塔上水平使用梯子时，应使用<u>**特制的专用**</u>梯子。工作前应将梯子<u>**两端**</u>与<u>**固定物**</u>可靠连接，一般应由<u>**一人**</u>在梯子上工作。

【测试题】

1. 单选题

（1）在杆塔上水平使用梯子时，应使用（　　）梯子。工作前应将梯子两端与固定物可靠连接，一般应由一人在梯子上工作。

A. 特制的专用；B. 铝合金；C. 绝缘。

答案：A

2. 填空题

（1）在杆塔上水平使用梯子时，应使用特制的专用梯子。工作前应将梯子两端与（　　）可靠连接，一般应由（　　）在梯子上工作。

答案：固定物；一人

3. 问答题

（1）在杆塔上水平使用梯子时有哪些注意事项？

答案：在杆塔上水平使用梯子时，应使用特制的专用梯子。工作前应将梯子两端与固定物可靠连接，一般应由一人在梯子上工作。

9.2.7 在相分裂导线上工作时，安全带（绳）应挂在<u>**同一根**</u>子导线上，后备保护绳应挂在<u>**整组**</u>相导线上。

【测试题】

1. 填空题

（1）在相分裂导线上工作时，安全带（绳）应挂在（　　）子导线上，后备保护绳应挂在（　　）相导线上。

答案：同一根；整组

2. 判断题

（1）在相分裂导线上工作时，安全带（绳）应挂在同一根子导线上，后备保护绳应挂在另一根子导线上。（　　）

答案：错误

9.3 杆塔施工。

9.3.1 立、撤杆应设<u>专人统一指挥</u>。开工前，应交待<u>施工方法、指挥信号和安全组织、技术措施</u>，作业人员应<u>明确分工、密切配合、服从指挥</u>。在居民区和交通道路附近立、撤杆时，应具备相应的<u>交通组织</u>方案，并设<u>警戒范围或警告标志</u>，必要时派<u>专人看守</u>。

【测试题】

1. 填空题

（1）立、撤杆应设专人（　　）。

答案：统一指挥

（2）立、撤杆开工前，应交代施工方法、（　　）和安全组织、（　　）。

答案：指挥信号；技术措施

（3）在居民区和交通道路附近立、撤杆时，应具备相应的（　　）方案，并设警戒范围或警告标志，必要时派（　　）看守。

答案：交通组织；专人

2. 判断题

（1）在居民区和交通道路附近立、撤杆时，应具备相应的交通组织方案，并设警戒范围或警告标志，必要时设围栏（遮栏）。

答案：错误

9.3.2 立、撤杆应使用<u>合格</u>的起重设备，禁止<u>过载</u>使用。

　　【测试题】

　　1. 填空题

　　（1）立、撤杆应使用（　　　）的起重设备，禁止（　　　）使用。

　　答案：合格；过载

9.3.3 立、撤杆塔过程中基坑内禁止<u>有人工作</u>。除指挥人及指定人员外，其他人员应在处于杆塔高度的<u>1.2</u>倍距离以外。

　　【测试题】

　　1. 填空题

　　（1）立、撤杆塔过程中基坑内禁止（　　　）。除指挥人及指定人员外，其他人员应在处于杆塔高度的（　　　）倍距离以外。

　　答案：有人工作；1.2

　　2. 判断题

　　（1）立、撤杆塔过程中基坑内禁止有人工作。

　　答案：正确

9.3.4 立杆及修整杆坑时，应有防止杆身<u>倾斜、滚动</u>的措施，如采用<u>拉绳</u>和<u>叉杆</u>控制等。

　　【事故警示】

　　2000 年 1 月 29 日，陕西某供电局工程处线路三班起吊某新建 110kV 线路 4 号钢管杆，在 25T 吊车与 40T 吊车受力转换过程中，未使用拉绳对杆塔进行控制，已基本就位的钢管杆突然发生偏转摆动，碰到施工人员邢某某小腿上，造成重伤事故。

　　【测试题】

　　1. 填空题

　　（1）立杆及修整杆坑时，应有防止杆身倾斜、（　　　）的措施，如采用（　　　）和叉杆控制等。

　　答案：滚动；拉绳

9.3.5 顶杆及叉杆只能用于竖立 <u>8m 以下的拔稍杆</u>，不准用<u>铁锹、桩柱</u>等代用。立杆前，应开好"马道"。作业人员要均匀地分配在电杆的**两侧**。

【测试题】

1. 单选题

（1）顶杆及叉杆只能用于竖立（　　　），不准用铁锹、桩柱等代用。

A. 12m 以下的拔稍杆；B. 10m 以下的等径杆；C. 8m 以下的拔稍杆。

答案：C

2. 问答题

（1）使用顶杆及叉杆立杆时有哪些注意事项？

答案：顶杆及叉杆只能用于竖立 8m 以下的拔稍杆，不准用铁锹、桩柱等代用。立杆前，应开好"马道"。作业人员要均匀地分配在电杆的两侧。

9.3.6 利用已有杆塔立、撤杆，应先检查杆塔**根部**及**拉线**和杆塔的**强度**，必要时增设**临时拉线**或其他**补强**措施。

【测试题】

1. 多选题

（1）利用已有杆塔立、撤杆，应先检查（　　　），必要时增设临时拉线或其他补强措施。

A. 杆塔根部；B. 拉线；C. 杆塔的强度；D. 工作环境。

答案：ABC

2. 填空题

（1）利用已有杆塔立、撤杆，应先检查杆塔根部及拉线和杆塔的强度，必要时增设（　　　）或其他（　　　）措施。

答案：临时拉线；补强

9.3.7 使用吊车立、撤杆时，钢丝绳套应挂在电杆的**适当位置**以防止电杆突然**倾倒**。吊重和吊车位置应选择适当，吊钩口应**封好**，并应有防止吊车**下沉、倾斜**的措施。起、落时应注意**周围环境**。

撤杆时，应先检查有无**卡盘或障碍物**并**试拔**。

2001 年 5 月 31 日，某供电局供电所配电班在 10kV 定坪线南川分支吊立 15m 水泥电杆时，吊车将杆子吊起至基本垂直位置，就位转向过程中，杆根碰在马路道牙上，钢丝绳套产生瞬间松动，其中一端从吊钩中脱出（吊车吊钩无闭锁），杆子倒下，工作班成员高某被倒杆砸在头部，抢救无效死亡。

【测试题】

1. 填空题

（1）使用吊车立、撤杆时，钢丝绳套应挂在电杆的（　　　）以防止电杆突然（　　　）。

答案：适当位置；倾倒

（2）使用吊车立、撤杆时，吊重和吊车位置应选择适当，吊钩口应（　　　），并应有防止吊车下沉、（　　　）的措施。起、落时应注意周围环境。

答案：封好；倾斜

2. 问答题

（1）使用吊车立、撤杆时有哪些注意事项？

答案：使用吊车立、撤杆时，钢丝绳套应挂在电杆的适当位置以防止电杆突然倾倒。吊重和吊车位置应选择适当，吊钩口应封好，并应有防止吊车下沉、倾斜的措施。起、落时应注意周围环境。撤杆时，应先检查有无卡盘或障碍物并试拔。

9.3.8 使用倒落式抱杆立、撤杆时，<u>主牵引绳、尾绳、杆塔中心及抱杆顶</u>应在一条直线上。抱杆下部应<u>固定牢固</u>，抱杆顶部应设<u>临时拉线</u>控制，临时拉线应<u>均匀调节</u>并由<u>有经验</u>的人员控制。抱杆应<u>受力均匀</u>，两侧拉绳应拉好，不准左右<u>倾斜</u>。固定临时拉线时，不准固定在有可能<u>移动</u>的物体上，或其他<u>不牢固</u>的物体上。

使用固定式抱杆立、撤杆，抱杆基础应<u>平整坚实</u>，缆风绳应<u>分布合理</u>、<u>受力均匀</u>。

【事故警示】

2007 年 5 月 1 日，湖北某 220kV 线路 62 号塔组立施工中，当铁塔组立至 24m 高度时，现场负责人陈某某指挥提升抱杆，15 时 29 分，当抱杆提升至距就位点 0.5m 时，因四根拉线操作人员用力不均，抱杆倾倒并撞击塔身后折弯，压在相邻另一条 220kV 线路中、下相导线上，导致 220kV 线路跳闸。

【测试题】

1. 填空题

（1）使用倒落式抱杆立、撤杆时，（　　　）、尾绳、杆塔中心及（　　　）应在一条直线上。

答案：主牵引绳；抱杆顶

（2）使用倒落式抱杆立、撤杆时，抱杆下部应（　　　），抱杆顶部应设（　　　）控制。

答案：固定牢固；临时拉线

（3）使用倒落式抱杆立、撤杆时，抱杆应受力（　　　），两侧拉绳应拉好，不准左右（　　　）。

答案：均匀；倾斜

（4）使用倒落式抱杆立、撤杆，固定临时拉线时，不准固定在有可能（　　　）的物体上，或其他（　　　）的物体上。

答案：移动；不牢固

（5）使用固定式抱杆立、撤杆，抱杆基础应（　　　），缆风绳应分布合理、（　　　）。

答案：平整坚实；受力均匀

（6）使用倒落式抱杆立、撤杆时，抱杆顶部应设临时拉线控制，临时拉线应（　　　）并由（　　　）的人员控制。

答案：均匀调节；有经验

9.3.9 整体立、撤杆塔前应进行全面检查，各**受力、连接**部位全部合格方可起吊。立、撤杆塔过程中，吊件**垂直下方**、受力钢丝绳的**内角侧**禁止有人。杆顶起立离地约 **0.8m** 时，应对杆塔进行一次**冲击试验**，对各受力点处做一次全面检查，确无问题，再继续起立；杆塔起立**70°**后，应**减缓**速度，注意各侧拉线；起立至**80°**时，停止**牵引，**用**临时拉线**调整杆塔。

【测试题】

1. 填空题

（1）整体立、撤杆塔前应进行全面检查，各（　　　）、（　　　）部位全部合格方可起吊。

答案：受力；连接

（2）整体立、撤杆塔过程中，吊件（　　　）、受力钢丝绳的（　　　）侧禁止有人。

答案：垂直下方；内角

（3）整体立、撤杆塔过程中，杆顶起立离地约（　　　）m 时，应对杆塔进行一次（　　　），对各受力点处做一次全面检查，确无问题，再继续起立。杆塔起立 70°后，应减缓速度，注意各侧拉线；起立至 80°时，停止牵引，用临时拉线调整杆塔。

答案：0.8；冲击试验

2. 判断题

（1）整体立、撤杆塔过程中，吊件垂直下方、受力钢丝绳的外角侧禁止有人。

答案：错误

（2）整体立、撤杆塔过程中，杆顶起立离地约 0.4m 时，应对杆塔进行一次冲击试验，对各受力点处做一次全面检查，确无问题，再继续起立；杆塔起立 70°后，应减缓速度，注意各侧拉线；起立至 80°时，停止牵引，用临时拉线调整杆塔。

答案：错误

3. 问答题

（1）整体立、撤杆塔，起吊时应注意哪些事项？

答案：整体立、撤杆塔前应进行全面检查，各受力、连接部位全部合格方可起吊。立、撤杆塔过程中，吊件垂直下方、受力钢丝绳的内角侧禁止有人。杆顶起立离地约 0.8m 时，应对杆塔进行一次冲击试验，对各受力点处做一次全面检查，确无问题，再继续起立；杆塔起立 70° 后，应减缓速度，注意各侧拉线；起立至 80° 时，停止牵引，用临时拉线调整杆塔。

9.3.10 立、撤杆作业现场，不准利用树木或外露岩石作受力桩。一个锚桩上的临时拉线不准超过**两根**，临时拉线不准固定在有可能**移动**或其他**不可靠**的物体上。临时拉线绑扎工作应由**有经验**的人员担任。临时拉线应在永久拉线**全部安装完毕承力**后方可拆除。

【测试题】

1. 填空题

（1）立、撤杆作业现场，不准利用树木或外露岩石作受力桩。一个锚桩上的临时拉线不准超过（　　　），临时拉线不准固定在有可能（　　　）或其他不可靠的物体上。

答案：两根；移动

（2）临时拉线绑扎工作应由（　　　）的人员担任。临时拉线应在永久拉线全部安装完毕（　　　）后方可拆除。

答案：有经验；承力

9.3.11 杆塔分段吊装时，上下段**连接牢固**后，方可继续进行吊装工作。分段分片吊装时，应将各**主要受力材**连接牢固后，方可继续施工。

【测试题】

1. 填空题

（1）杆塔分段吊装时，上下段（　　　）后，方可继续进行吊装工作。分段分片吊装时，应将各（　　　）连接牢固后，方可继续施工。

答案：连接牢固；主要受力材

9.3.12 杆塔分解组立时，塔片就位时应**先低侧、后高侧**。**主材和侧面大斜材**未全部连接牢固前，不准在**吊件**上作业。提升抱杆时应**逐节**提升,禁止提升**过高**。单面吊装时,抱杆倾斜不宜超过**15°**;双面吊装时,抱杆两侧的**荷重、提升速度**及**摇臂的变幅角度**应基本一致。

【测试题】

1. 多选题

(1) 杆塔双面吊装时,抱杆两侧的( )应基本一致。

A. 荷重; B. 提升速度; C. 摇臂的变幅角度。

答案: ABC

2. 填空题

(1) 杆塔分解组立时,塔片就位时应先( )、后( )。

答案: 低侧; 高侧

(2) 杆塔分解组立时,( )未全部连接牢固前,不准在( )上作业。

答案: 主材和侧面大斜材; 吊件

(3) 杆塔分解组立,提升抱杆时应( )提升,禁止提升( )。

答案: 逐节; 过高

(4) 杆塔单面吊装时,抱杆倾斜不宜超过( )。

答案: 15

9.3.13 在带电设备附近进行立撤杆工作,**杆塔、拉线与临时拉线**应与带电设备保持**表 19** 所列安全距离,且有防止立、撤杆过程中**拉线跳动**和**杆塔倾斜**接近带电导线的措施。

【事故警示】

1967 年 10 月 30 日,湖北某公司工程一班在某 35kV 新建线路施工中,当吊起电杆准备就位时,左前方控制绳(钢丝绳)弹起,碰触临近 35kV 带电线路,造成 15 人触电。

【测试题】

1. 填空题

(1) 在下列带电设备附近进行立撤杆工作,杆塔、拉线与临时拉线应与带电设备保持的最小安全距离：10kV为（   ）；110kV为（   ）。

答案：3m；5m

（2）在带电设备附近进行立撤杆工作，应有防止立、撤杆过程中拉线（   ）和杆塔（   ）接近带电导线的措施。

答案：跳动；倾斜

9.3.14 已经立起的杆塔，<u>回填夯实</u>后方可撤去拉绳及叉杆。回填土块直径应不大于 **30mm**，回填应按规定**分层**夯实。基础未完全**夯实牢固**和拉线杆塔在**拉线未制作完成**前，禁止攀登。

杆塔施工中不宜用**临时拉线**过夜；需要过夜时，应对临时拉线采取**加固**措施。

【事故警示】

2012年3月24日，四川某电业局农网工程进行杆上横担组装作业。登杆人员在新立杆基坑未夯实，永久拉线未安装完毕的情况下违章登杆，并错误指挥地面人员调整临时拉线，使电杆结构受力失衡而倾倒，造成4人死亡事故。

【测试题】

1. 单选题

（1）已经立起的杆塔，回填夯实后方可撤去拉绳及叉杆。回填土块直径应不大于（   ），回填应按规定分层夯实。

A. 30mm；B. 40mm；C. 50mm。

答案：A

2. 填空题

（1）已经立起的杆塔，回填应按规定（   ）夯实。基础未完全夯实牢固和拉线杆塔在（   ）未制作完成前，禁止攀登。

答案：分层；拉线

（2）杆塔施工中不宜用（   ）过夜；需要过夜时，应对临时拉线采取（   ）措施。

答案：临时拉线；加固

3. 判断题

（1）已经立起的杆塔，回填夯实后方可撤去拉绳及叉杆。

答案：正确

9.3.15 检修杆塔不准**随意拆除**受力构件，如需要拆除时，应事先做好**补强**措施。调整杆塔倾斜、弯曲、拉线受力不均或迈步、转向时，应根据需要设置**临时拉线**及其**调节范围**，并应有**专人统一指挥**。

杆塔上有人时，不准**调整或拆除**拉线。

【事故警示一】

2000年6月24日，某供电局110kV雍岐线改造工程，分包单位在96号塔组装完紧固螺丝，在未采取任何安全措施的情况下，更换塔体主材，塔体倾倒，塔上6名施工人员坠落，1人死亡，3人重伤，2人轻伤。

【事故警示二】

1985年11月13日，陕西某供电局送电工区在35kV杜太线更换电杆，在新立电杆上用蚕丝绳充当临时拉线，多人在杆上工作，地面人员随意调整临时拉线，拉断拉线，21m长的Π型杆倾倒，造成杆上作业人员一死两重伤。

【测试题】

1. 填空题

（1）调整杆塔倾斜、弯曲、拉线受力不均匀或迈步、转向时，应根据需要设置临时拉线及其（　　　），并应有专人（　　　）。

答案：调节范围；统一指挥

（2）检修杆塔不准（　　　）受力构件，如需要拆除时，应事先做好（　　　）措施。

答案：随意拆除；补强

（3）杆塔上有人时，不准（　　　）或（　　　）拉线。

答案：调整；拆除

9.4 放线、紧线与撤线。

9.4.1 放线、紧线与撤线工作均应有**专人指挥**、**统一信号**，并做到**通信畅通**、**加强监护**。工作前应检查放线、紧线与撤线工具及设备是否良好。

【测试题】

1. 单选题

（1）放线、紧线与撤线工作均应有专人指挥、统一信号，并做到（　　　）、加强监护。工作前应检查放线、紧线与撤线工具及设备是否良好。

A. 派人看守；B. 通信畅通；C. 人员齐全。

答案：B

2. 填空题

（1）放线、紧线与撤线工作均应有（　　　）、统一信号，并做到（　　　）、加强监护。

答案：专人指挥；通信畅通

9.4.2 交叉跨越各种线路、铁路、公路、河流等放、撤线时，应先取得**主管部门**同意，做好**安全措施**，**如搭好可靠的跨越架、封航、封路、在路口设专人持信号旗看守等**。

【事故警示】

1998 年 5 月 21 日，陕西某电力局施工班根据工作安排，拆除已报废线路，在跨越铁路撤线作业的过程中，未提前与铁路部门联系，也未按规定搭好可靠的跨越架，火车挂线倒杆，杆上作业人员坠落轻伤。

【测试题】

1. 多选题

（1）交叉跨越各种线路、铁路、公路、河流等放、撤线时，应先取得主管部门同意，做好安全措施，如（　　　）、在路口设专人持信号旗看守等。

A. 搭好可靠的跨越架；B. 封航；C. 封路。

答案：ABC

2. 填空题

（1）交叉跨越各种线路、铁路、公路、河流等放、撤线时，应先取得（　　）同意，做好（　　），如搭好可靠的跨越架、封航、封路、在路口设专人持信号旗看守等。

答案：主管部门；安全措施

9.4.3　放、撤线、紧线前，应检查导线<u>有无障碍物挂住</u>，导线与牵引绳的连接应<u>可靠</u>，线盘架应<u>稳固可靠、转动灵活、制动可靠</u>。放线、紧线时，应检查<u>接线管或接线头</u>以及过<u>滑轮、横担、树枝、房屋等处</u>有无<u>卡住</u>现象。如遇导、地线有卡、挂住现象，应<u>松线</u>后处理。处理时操作人员应站在卡线处<u>外侧</u>，采用工具、大绳等撬、拉导线。禁止<u>用手</u>直接拉、推导线。

【测试题】

1. 单选题

（1）放线、紧线过程中，如遇导、地线有卡、挂住现象，应（　　）处理。

A. 松线后；　B. 紧线后；　C. 松线前。

答案：A

2. 多选题

（1）放、紧线前，应检查（　　）。

A. 导线与牵引绳的连接应可靠；　B. 线盘架应稳固可靠、转动灵活、制动可靠；　C. 导线有无障碍物挂住；　D. 接线管或接线头有无卡住现象。

答案：ABC

3. 填空题

（1）放线、紧线前，应检查导线有无障碍物挂住，导线与牵引绳的连接应（　　），线盘架应稳固可靠、转动灵活、（　　）。

答案：可靠；制动可靠

（2）放线、紧线时，应检查接线管或接线头以及过滑轮、横担、树枝、房屋等处有无（　　　）现象。如遇导、地线有卡、挂住现象，应（　　　）后处理。

答案：卡住；松线

4. 判断题

（1）放线、紧线前，应检查导线有无障碍物挂住，导线与牵引绳的连接应可靠，线盘架应稳固可靠、转动灵活、制动可靠。

答案：正确

（2）放线、紧线时，如遇导、地线有卡、挂住现象，应松线后处理。处理时操作人员应站在卡线处内侧，用手直接拉、推导线。

答案：错误

5. 问答题

（1）放线、紧线时，如遇导、地线有卡、挂住现象，应该怎样处理？

答案：如遇导、地线有卡、挂住现象，应松线后处理。处理时操作人员应站在卡线处外侧，采用工具、大绳等撬、拉导线。禁止用手直接拉、推导线。

9.4.4 放线、紧线与撤线工作时，人员不准站在或跨在已受力的牵引绳、导线的内角侧和展放的导、地线圈内以及牵引绳或架空线的垂直下方，防止意外跑线时抽伤。

【事故警示】

12 月 17 日，某送变电工程有限公司送电工程一处三班在进行 110kV 某线 14～25 号耐张段张力放线第一根导线时，牵引绳刚受张力升空，转向滑车钢丝绳套即被 25 号塔 1 号腿角钢剪力拉断，造成违章站位在离转角滑车 3m、牵引绳内侧的工作负责人马某头部被飞弹出的转向滑车猛力击倒，抢救无效死亡。

【测试题】

1. 填空题

（1）放线、紧线与撤线工作时，人员不准站在或跨在已受力的牵引绳、导线的（　　　）侧和展放的导、地线圈内以及牵引绳或架空线的（　　　）下方，防止意外跑线时抽伤。

答案：内角；垂直

2. 问答题

（1）放线、紧线与撤线工作时，对人员站位有何规定？

答案：放线、紧线与撤线工作时，人员不准站在或跨在已受力的牵引绳、导线的内角侧和展放的导、地线圈内以及牵引绳或架空线的垂直下方，防止意外跑线时抽伤。

9.4.5 紧线、撤线前，应检查<u>拉线、桩锚及杆塔</u>。必要时，应<u>加固桩锚</u>或<u>加设临时拉绳</u>。拆除杆上导线前，应先检查<u>杆根</u>，做好防止<u>倒杆</u>措施，在挖坑前应先绑好<u>拉绳</u>。

【事故警示一】

2001 年 8 月 14 日，陕西某供电局送电工区拆除 110kV 渭三线路残留的旧导线及架空地线工作中，小组负责人违章指挥，未打临时拉线冒险作业，当松开东边的架空地线又到西边帮杨某松另一根地线时，东边电杆离地 0.4m 处扭折，随后西边立杆也从跟部折断，造成两人死亡。

【事故警示二】

1999 年 11 月 19 日，陕西某供电局市区局保线站进行 10kV 秦公五油毡支线 20～30 号拆除工作。工作人员攀登老旧电杆前未对杆身进行检查，未加设临时拉线，当松开导线扎线时，电杆折断，造成人身轻伤。

【测试题】

1. 填空题

（1）紧线、撤线前，应检查拉线、桩锚和杆塔。必要时，应（　　　）桩锚或（　　　）临时拉绳。

答案：加固；加设

（2）拆除杆上导线前，应先检查（　　　），做好防止倒杆措施，在挖坑前应先绑好（　　　）。

答案：杆根；拉绳

（3）紧线、撤线前，应检查拉线、（　　）和（　　）。

答案：桩锚；杆塔

9.4.6 禁止采用**突然剪断导、地线**的做法松线。

【事故警示】

1979年2月19日，某供电局供用电处线一班在10kV东一线水坝支线大修工作中，杆上人员熊某某用突然剪断导线的方法松线，电杆倾倒，摔成重伤。

【测试题】

1. 填空题

（1）禁止采用（　　）导、地线的做法松线。

答案：突然剪断

9.4.7 放线、撤线工作中使用的跨越架，应使用**坚固、无伤、相对较直**的木杆、竹竿、金属管等，且应具有能够承受**跨越物重量**的能力，否则可**双杆合并**或**单杆加密**使用。搭设跨越架应在**专人监护**下进行。

【测试题】

1. 填空题

（1）搭设跨越架应在（　　）监护下进行。

答案：专人

（2）放线、撤线工作中使用的跨越架，应使用（　　）、无伤、相对较直的木杆、竹竿、金属管等，且应具有能够承受（　　）的能力，否则可双杆合并或单杆加密使用。

答案：坚固；跨越物重量

（3）放线、撤线工作中使用的跨越架，应使用坚固无伤相对较直的木杆、竹竿、金属管等，且应具有能够承受跨越物重量的能力，否则可（　　）或（　　）使用。

答案：双杆合并；单杆加密

9.4.8 跨越架的中心应在线路**中心线**上，宽度应超出所施放或拆

除线路的两边各 **1.5m**，架顶两侧应装设**外伸羊角**。跨越架与被跨电力线路应不小于**表4**规定的安全距离，否则应**停电**搭设。

【测试题】

1. 单选题

（1）跨越架与被跨 110kV 电力线路应不小于（　　　）的安全距离，否则应停电搭设。

A. 2.0m；B. 3.0m；C. 4.0m。

答案：B

（2）跨越架的中心应在线路中心线上，宽度应超出所施放或拆除线路的两边各（　　　），架顶两侧应装设外伸羊角。

A. 1.2m；B. 1.5m；C. 1.0m。

答案：B

2. 填空题

（1）在下列电压等级带电的线路附近搭设跨越架时。应保持的安全距离：10kV：（　　　）；110kV：（　　　）。

答案：1.0m；3.0m

（2）跨越架的中心应在线路（　　　），宽度应超出所施放或拆除线路的两边各 1.5m，架顶两侧应装设（　　　）。

答案：中心线上；外伸羊角

9.4.9 各类交通道口的跨越架的**拉线**和路面上部**封顶部分**，应悬挂醒目的**警告标志牌**。

【测试题】

1. 填空题

（1）各类交通道口的跨越架的拉线和路面上部封顶部分，应悬挂醒目的（　　　）。

答案：警告标志牌

（2）各类交通道口的跨越架的（　　　）和路面上部（　　　）部分，应悬挂醒目的警告标志牌。

答案：拉线；封顶

9.4.10 跨越架应经**验收合格**,每次使用前**检查合格**后方可使用。**强风、暴雨**过后应对跨越架进行检查,**确认合格**后方可使用。

【测试题】

1. 填空题

(1)跨越架应经( ),每次使用前( )后方可使用。

答案:验收合格;检查合格

(2)强风、( )过后应对跨越架进行检查,( )后方可使用。

答案:暴雨;确认合格

9.4.11 借用已有线路做软跨放线时,使用的绳索应符合**承重安全系数**要求。跨越带电线路时应使用**绝缘绳索**。

【测试题】

1. 填空题

(1)借用已有线路做软跨放线时,使用的绳索应符合( )安全系数要求。跨越带电线路时应使用( )。

答案:承重;绝缘绳索

9.4.12 在交通道口使用软跨时,施工地段两端应设立**交通警示**标志牌,控制绳索人员应注意**交通安全**。

【测试题】

1. 填空题

(1)在交通道口使用软跨时,施工地段两端应设立( )标志牌,控制绳索人员应注意( )。

答案:交通警示;交通安全

9.4.13 张力放线。

9.4.13.1 在邻近或跨越带电线路采取张力放线时,牵引机、张力机本体、牵引绳、导地线滑车、被跨越电力线路两侧的放线滑车应**接地**。操作人员应站在**干燥的绝缘垫**上,并不得与未站在绝缘垫上的人员**接触**。

【测试题】

1. 填空题

（1）在邻近或跨越带电线路采取张力放线时，牵引机、张力机本体、牵引绳、导地线滑车、被跨越电力线路两侧的放线滑车应（　　）。

答案：接地

（2）在邻近或跨越带电线路采取张力放线时，操作人员应站在（　　）上，并不得与未站在绝缘垫上的人员（　　）。

答案：干燥的绝缘垫；接触

9.4.13.2 <u>雷雨天</u>不准进行放线作业。

【测试题】

1. 判断题

（1）雷雨天不准进行放线作业。

答案：正确

9.4.13.3 在张力放线的全过程中，人员不准在<u>牵引绳、导引绳、导线下方</u>通过或逗留。

【测试题】

1. 填空题

（1）在张力放线的全过程中，人员不得在（　　）、（　　）、导线下方通过或逗留。

答案：牵引绳；导引绳

9.4.13.4 放线作业前应检查<u>导线</u>与<u>牵引绳</u>连接<u>可靠牢固</u>。

【测试题】

1. 填空题

（1）放线作业前应检查导线与（　　）连接（　　）。

答案：牵引绳；可靠牢固

10 高 处 作 业

本章要点

本章规定了高处作业的定义和人员条件，对高处作业防护设施设置、安全带使用及其他注意事项进行具体规定，并对作业平台、脚手架、梯子的使用检查提出要求。

10.1 凡在坠落高度基准面 **2m 及以上**的高处进行的作业，都应视作高处作业。

【测试题】

1. 单选题

（1）凡在坠落高度基准面（   ）及以上的高处进行的作业，都应视作高处作业。

A. 2m；B. 2.5m；C. 3m。

答案：A

10.2 凡参加高处作业的人员，应**每年**进行一次体检。

【测试题】

1. 填空题

（1）凡参加高处作业的人员，应（   ）进行一次体检。

答案：每年

10.3 高处作业均应先**搭设脚手架**、**使用高空作业车**、**升降平台**或**采取其他防止坠落措施**，方可进行。

【测试题】

1. 填空题

（1）高处作业均应先搭设（   ）、使用（   ）、升降平台或采取其他防止坠落措施，方可进行。

答案：脚手架；高空作业车

10.4 在坝顶、陡坡、屋顶、悬崖、杆塔、吊桥以及其他危险的边沿进行工作，临空一面应装设**安全网**或**防护栏杆**，否则，作业人员应使用**安全带**。

【测试题】

1. 填空题

（1）在坝顶、陡坡、屋顶、悬崖、杆塔、吊桥以及其他危险的边沿进行工作，临空一面应装设（   ）或防护栏杆，否则，作业人员应使用（   ）。

答案：安全网；安全带

10.5 峭壁、陡坡的场地或人行道上的**冰雪、碎石、泥土应经常清理**，靠外面一侧应设 **1050mm～1200mm** 高的栏杆。在栏杆内侧设 **180mm** 高的侧板，以防坠物伤人。

【测试题】

1. 单选题

（1）峭壁、陡坡的场地或人行道上的冰雪、碎石、泥土应经常清理，靠外面一侧应设（   ）高的栏杆。在栏杆内侧设（   ）高的侧板，以防坠物伤人。

A. 1050mm～1200mm；180mm。 B. 1050mm～1200mm；170mm。 C. 1050mm～1100mm；180mm。

答案：A

2. 多选题

（1）峭壁、陡坡的场地或人行道上的（   ）应经常清理，靠外面一侧应设 1050mm～1200mm 高的栏杆。在栏杆内侧设

180mm 高的侧板，以防坠物伤人。

A. 冰雪； B. 碎石； C. 泥土。

答案：ABC

10.6 在没有脚手架或者在没有栏杆的脚手架上工作，高度超过 **1.5m** 时，应使用**安全带**，或采取其他可靠的**安全措施**。

【测试题】

1. 单选题

（1）在没有脚手架或者在没有栏杆的脚手架上工作，高度超过（　　）时，应使用安全带，或采取其他可靠的安全措施。

A. 1.0m； B. 1.5m； C. 2.0m。

答案：B

2. 填空题

（1）在没有脚手架或者在没有栏杆的脚手架上工作，高度超过（　　）m 时，应使用（　　），或采取其他可靠的安全措施。

答案：1.5； 安全带

10.7 安全带和专作固定安全带的绳索在使用前应进行**外观检查**。安全带应按**附录 M** 定期检验，不合格的不准使用。

【事故警示】

1989 年 5 月 8 日，湖北某线路工区在某 35kV 线路 49 号耐张杆进行调整导线弛度工作，杆上一名作业人员作业过程中，安全带围杆绳突然从距挂钩约 10cm 处开断，导致其从 10m 多高处坠下。事后检查发现，被拉断处的锦纶绳有被酸性物质腐蚀现象。

【测试题】

1. 单选题

（1）安全带试验周期为（　　），不合格的不准使用。

A. 一年； B. 两年； C. 三年。

答案：A

2. 填空题

（1）安全带和专作固定安全带的绳索在使用前应进行（　　　）。

答案：外观检查

10.8 在<u>电焊作业</u>或<u>其他有火花、熔融源等的场所</u>使用的安全带或安全绳应有<u>隔热防磨套</u>。

【测试题】

1. 填空题

（1）在（　　　）或其他有火花、熔融源等的场所使用的安全带或安全绳应有（　　　）。

答案：电焊作业；隔热防磨套

10.9 安全带的挂钩或绳子应挂在<u>结实牢固的构件</u>或专为挂安全带用的<u>钢丝绳上</u>，并应采用<u>高挂低用</u>的方式。禁止系挂在<u>移动或不牢固</u>的物件上 [如<u>隔离开关（刀闸）支持绝缘子、瓷横担、未经固定的转动横担、线路支柱绝缘子、避雷器支柱绝缘子等</u>]。

【事故警示】

1998 年 4 月 22 日，陕西某供电局工程处在 110kV 镇长线路架设施工中，在 4 号铁塔上安装耐张线夹的卿某某把安全带系在导线上，在牵引导线过程中，突然导线从导线夹具中跑线，作业人员随导线高空滑落轻伤。

【测试题】

1. 填空题

（1）安全带的挂钩或绳子应挂在（　　　）的构件或专为挂安全带用的钢丝绳上，并应采用（　　　）的方式。

答案：结实牢固；高挂低用

（2）安全带的挂钩或绳子禁止系挂在（　　　）或（　　　）的物件上。

答案：移动；不牢固

2. 判断题

（1）安全带的挂钩或绳子应挂在结实牢固的构件或专为挂安全带用的钢丝绳上，并应采用高挂低用的方式。禁止系挂在移动或不牢固的物件上。

答案：正确

10.10 高处作业人员在作业过程中，应随时检查安全带是否<u>挂牢</u>。高处作业人员在转移作业位置时不准失去<u>安全保护</u>。钢管杆塔、30m以上杆塔和220kV及以上线路杆塔宜设置作业人员上下杆塔和杆塔上水平移动的<u>防坠安全保护装置</u>。

【事故警示一】

2009年5月12日，东北电网公司某超高压局送电工区在进行500kV冯大I号线停电作业中，作业人员乌某沿软梯下降前，安全带后备保护绳扣环没有扣好、没有检查，沿软梯下降过程中，从距地面33m处坠落，经抢救无效死亡。

【事故警示二】

1985年11月12日，陕西某供电局送电处带电二班在110kV红勉I线54号杆安装爬梯过程中，作业人员登上杆后在扣安全带时，手套卡在扣环上，抽手套时误将扣环打开，作业过程中未随时检查安全带是否挂牢，在向后探腰作业时高空坠落重伤。

【测试题】

1. 填空题

（1）高处作业人员在作业过程中，应随时检查安全带是否（　　　）。高处作业人员在转移作业位置时不准失去（　　　）。

答案：挂牢；安全保护

（2）钢管杆塔、30m以上杆塔和220kV及以上线路杆塔宜设置作业人员上下杆塔和杆塔上水平移动的（　　　）。

答案：防坠安全保护装置

2. 判断题

（1）高处作业人员在作业过程中，应随时检查安全带是否挂牢。高处作业人员在转移作业位置时不准失去安全保护。

答案：正确

10.11 高处作业使用的脚手架应经**验收合格**后方可使用。上下脚手架应走**坡道或梯子**，作业人员不准沿**脚手杆或栏杆**等攀爬。

【测试题】

1. 填空题

（1）上下脚手架应走坡道或（　　　），作业人员不准沿脚手杆或（　　　）等攀爬。

答案：梯子；栏杆

2. 判断题

（1）作业人员上下脚手架时，不准沿脚手杆或栏杆等攀爬。

答案：正确

（2）高处作业使用的脚手架应经验收合格后方可使用。

答案：正确

10.12 高处作业应一律使用**工具袋**。较大的工具应用绳拴在**牢固的构件**上，工件、边角余料应放置在**牢靠的地方**或用**铁丝扣牢**并有**防止坠落的措施**，不准随便乱放。以防止从高空坠落发生事故。

【事故警示】

1983 年 11 月 12 日，陕西某供电局送电处检修班在原 220kV 碧洋线 525 号塔组塔时，塔上作业人员未采取防止工器具、材料坠落的措施，塔下作业人员进入组塔作业现场不戴安全帽被坠物砸伤。

【测试题】

1. 填空题

（1）高处作业应一律使用（　　　）。较大的工具应用绳拴在牢固的构件上，工件、边角余料放置在牢靠的地方或用铁丝（　　　）并有防止坠落的措施。

答案：工具袋；扣牢

10.13 在进行高处作业时，除有关人员外，不准他人在工作地点的下面**通行或逗留**，工作地点下面应有**围栏**或装设**其他保护装置**，防止落物伤人。如在格栅式的平台上工作，为了防止工具和器材掉落，应采取有效**隔离**措施，如**铺设木板**等。

【事故警示】

1998年12月9日，陕西某供电局送电处带电班带电更换110kV秦潼线53号杆合成绝缘子，现场作业人员（民工）站在导线垂直下方，导线坠落，造成地面民工触电死亡。

【测试题】

1. 填空题

（1）在进行高处作业时，除有关人员外，不准他人在工作地点的下面通行或（   ），工作地点下面应有（   ）或装设其他保护装置，防止落物伤人。

答案：逗留；围栏

（2）在进行高处作业时，如在格栅式的平台上工作，为了防止工具和器材掉落，应采取有效（   ）措施，如铺设（   ）等。

答案：隔离；木板

10.14 当临时高处行走区域不能装设防护栏杆时，应设置**1050mm** 高的安全水平扶绳，且每隔 **2m** 设一个**固定支撑点**。

【测试题】

1. 单选题

（1）当临时高处行走区域不能装设防护栏杆时,应设置(   )高的安全水平扶绳,且每隔（   ）设一个固定支撑点。

A. 1050mm; 2m。B. 1050mm; 3m。C. 1150mm; 2m。

答案：A

2. 填空题

（1）当临时高处行走区域不能装设防护栏杆时，应设置1050mm 高的（   ），且每隔2m设一个（   ）。

答案：安全水平扶绳；固定支撑点

10.15 高处作业区周围的孔洞、沟道等应设<u>盖板</u>、<u>安全网</u>或<u>围栏</u>并有<u>固定其位置的措施</u>。同时，应设置<u>安全标志</u>，夜间还应设<u>红灯</u>示警。

【测试题】

1. 填空题

（1）高处作业区周围的孔洞、沟道等应设（　　　）、安全网或围栏并有固定其位置的措施。同时，应设置安全标志，夜间还应设（　　　）示警。

答案：盖板；红灯

10.16 低温或高温环境下进行高处作业，应采取<u>保暖</u>和<u>防暑降温</u>措施，作业时间<u>不宜过长</u>。

【测试题】

1. 填空题

（1）低温或高温环境下进行高处作业，应采取（　　　）和（　　　）措施，作业时间不宜过长。

答案：保暖；防暑降温

10.17 在 **5 级及以上的大风**以及<u>暴雨、雷电、冰雹、大雾、沙尘暴</u>等恶劣天气下，应<u>停止露天高处作业</u>。特殊情况下，确需在恶劣天气进行抢修时，应组织人员充分讨论必要的<u>安全措施</u>，经<u>本单位批准</u>后方可进行。

【事故警示】

2005 年 7 月 23 日，四川某电力送变电公司在 500kV 昭思线组塔过程中遇有 6 级大风，铁塔倾倒，一人安全带脱落坠地死亡，一人重伤，二人轻伤，三人悬空。

【测试题】

1. 单选题

（1）在（　　　）及以上的大风以及暴雨、雷电、冰雹、大雾、沙尘暴等恶劣天气下，应停止露天高处作业。

A. 4 级；B. 5 级；C. 6 级。

答案：B

（2）特殊情况下，确需在恶劣天气进行露天高处抢修时，应组织人员充分讨论必要的安全措施，经（　　　）批准后方可进行。

A. 运维人员或值班调控人员；B. 上级部门；C. 本单位。

答案：C

2. 多选题

（1）在（　　　）等恶劣天气下，应停止露天高处作业。

A. 5 级及以上的大风；B. 暴雨；C. 冰雹；D. 大雾；E. 沙尘暴。

答案：ABCDE

10.18　梯子应<u>坚固完整</u>，有<u>防滑</u>措施。梯子的支柱应能承受<u>作业人员</u>及<u>所携带的工具、材料</u>攀登时的总重量。

【测试题】

1. 填空题

（1）梯子应坚固完整，有（　　　）措施。

答案：防滑

（2）梯子的支柱应能承受（　　　）及所携带的（　　　）、材料攀登时的总重量。

答案：作业人员；工具

10.19　硬质梯子的横档应嵌在支柱上，梯阶的距离不应大于<u>40cm</u>，并在距梯顶<u>1m 处设限高标志</u>。使用单梯工作时，梯与地面的斜角度为<u>60°</u>左右。

梯子<u>不宜绑接</u>使用。人字梯应有<u>限制开度</u>的措施。

人在梯子上时，禁止<u>移动</u>梯子。

【事故警示一】

1988 年 12 月 7 日，黑龙江某供电局送电工区带电班班长孔某某，在某 66kV 线路施工中，登梯子拆除电源线时，由于梯子放置不稳，又无人扶持，梯子突然滑倒，孔某某从 6m 高处坠地。

【事故警示二】

1993 年 5 月 11 日，陕西某供电局变电处检修二班在 110kV 红河变进行 2 号主变压器检修工作，工作人员牛某某在处理完主变压器顶部缺陷，从变压器转向人字梯下梯时，因人字梯没有限制开度的措施，梯脚没有防滑措施，人字梯呈"一"字形向下张开滑倒，致其跌落受伤。

【测试题】

1. 单选题

（1）硬质梯子的横档应嵌在支柱上，梯阶的距离不应大于（　　），并在距梯顶（　　）处设限高标志。

A. 40cm; 1m。 B. 50cm; 1m。 C. 40cm; 2m。

答案：A

2. 填空题

（1）使用单梯工作时，梯与地面的斜角度为（　　）左右。

答案：60°

（2）人字梯应有限制（　　）的措施。

答案：开度

（3）人在梯子上时，禁止（　　）梯子。

答案：移动

3. 判断题

（1）梯子不宜绑接使用。

答案：正确

10.20　使用软梯、挂梯作业或用梯头进行移动作业时，软梯、挂梯或梯头上<u>只准一人</u>工作。工作人员到达梯头上进行工作和梯头开始移动前，应将梯头的封口<u>可靠封闭</u>，否则应<u>使用保护绳</u>防止梯头脱钩。

【测试题】

1. 填空题

（1）使用软梯、挂梯作业或用梯头进行移动作业时，作业人员到达梯头上进行工作和梯头开始移动前，应将梯头的封口可靠

（　　　），否则应使用（　　　）防止梯头脱钩。

答案：封闭；保护绳

2. 判断题

（1）使用软梯、挂梯作业或用梯头进行移动作业时，软梯、挂梯或梯头上允许多人工作。

答案：错误

10.21 脚手架的安装、拆除和使用，应执行<u>《国家电网公司电力安全工作规程［火（水）电厂（动力部分）]》</u>中的有关规定及国家相关规程规定。

【测试题】

1. 填空题

（1）脚手架的安装、拆除和使用，应执行（　　　）中的有关规定及国家相关规程规定。

答案：《国家电网公司电力安全工作规定［火（水）电厂（动力部分）]》

10.22 利用高空作业车、带电作业车、叉车、高处作业平台等进行高处作业，高处作业平台应处于<u>稳定</u>状态，需要移动车辆时，作业平台上<u>不准载人</u>。

【测试题】

1. 填空题

（1）利用高空作业车、带电作业车、叉车、高处作业平台等进行高处作业，高处作业平台应处于（　　　）状态，需要移动车辆时，作业平台上不准（　　　）。

答案：稳定；载人

2. 判断题

（1）利用高空作业车、带电作业车、叉车、高处作业平台等进行高处作业，高处作业平台应处于稳定状态，需要移动车辆时，作业平台上可以载人。

答案：错误

11　起 重 与 运 输

> **本章要点**
>
> 本章规定了起重与运输工作的安全要求，主要内容包括：起重设备和工具的管理与使用的安全规定，起重、搬运工作的组织和人员资格要求，起吊、牵引及搬运作业安全注意事项等。

11.1　一般注意事项。

11.1.1　起重设备经**检验检测机构**监督检验合格，并在**特种设备安全监督管理部门**登记。

【测试题】

1. 填空题

（1）起重设备经（　　　）机构监督检验合格，并在（　　　）管理部门登记。

答案：检验检测；特种设备安全监督

11.1.2　起重设备的**操作人员**和**指挥人员**应经**专业技术**培训，并经**实际操作**及有关**安全规程**考试**合格**、**取得合格证**后方可独立上岗作业，其合格证种类应与所操作（指挥）的**起重机类型**相符合。起重设备作业人员在作业中应严格执行起重设备的**操作规程**和有关的**安全规章制度**。

【事故警示】

2004年10月18日，陕西某自然村进行农网改造工作中，供电所所长张某某联系的一辆吊车，司机无职业资格证。在拔一根7m混凝土方杆时，司机操作不规范，未经现场指挥指示，便操作吊臂猛力提升电杆，致使电杆从吊点处折断并击中正在退离的李某某，经抢救无效死亡。

【测试题】

1. 填空题

（1）起重设备的操作人员和指挥人员应经（　　　）培训，并经实际操作及有关（　　　）考试合格、取得合格证后方可独立上岗作业，其合格证种类应与所操作（指挥）的起重机类型相符合。

答案：专业技术；安全规程

（2）起重设备的操作人员和（　　　）应经专业技术培训，并经实际操作及有关安全规程考试合格、取得（　　　）后方可独立上岗作业，其合格证种类应与所操作（指挥）的起重机类型相符合。

答案：指挥人员；合格证

（3）起重设备作业人员在作业中应严格执行起重设备的（　　　）规程和有关的（　　　）规章制度。

答案：操作；安全

11.1.3 起重设备、吊索具和其他起重工具的工作负荷，不准超过**铭牌**规定。

【测试题】

1. 填空题

（1）起重设备、吊索具和其他起重工具的工作负荷，不准超过（　　　）规定。

答案：铭牌

11.1.4 一切重大物件的起重、搬运工作应由**有经验的专人**负责，作业前应向参加工作的全体人员进行**技术交底**，使全体人员均熟悉**起重搬运方案**和**安全措施**。起重搬运时只能由**一人**统一指挥，必要时可设置中间指挥人员**传递信号**。起重指挥信号应**简明、统一、畅通，分工明确**。

【测试题】

1. 填空题

（1）起重搬运时只能由（　　　）统一指挥，必要时可设置中间指挥人员（　　　）。

答案：一人；传递信号

（2）一切重大物件的起重、搬运工作应由有（　　　）的专人负责，作业前应向参加工作的全体人员进行（　　　），使全体人员均熟悉起重搬运方案和安全措施。

答案：经验；技术交底

（3）一切重大物件的起重、搬运工作应由有经验的专人负责，作业前应向参加工作的全体人员进行技术交底，使全体人员均熟悉（　　　）方案和（　　　）。

答案：起重搬运；安全措施

（4）起重搬运时，指挥信号应简明、（　　　）、畅通，（　　　）。

答案：统一；分工明确

2. 判断题

（1）起重搬运时只能由一人统一指挥，必要时可设置中间指挥人员传递信号。起重指挥信号应简明、统一、畅通，分工明确。

答案：正确

（2）一切重大物件的起重、搬运工作应由有经验的专人负责，作业前应向参加工作的全体人员进行技术交底，使全体人员均熟悉起重搬运方案和安全措施。

答案：正确

11.1.5 雷雨天时，应停止野外起重作业。

【测试题】

1. 填空题

（1）（　　　）天时，应停止野外起重作业。

答案：雷雨

11.1.6 移动式起重设备应安置平稳牢固，并应设有制动和逆止装置。禁止使用制动装置**失灵**或**不灵敏**的起重机械。

【测试题】

1. 填空题

（1）移动式起重设备应安置（　　　），并应设有制动和（　　　）装置。

答案：平稳牢固；逆止

（2）禁止使用制动装置（　　　）或（　　　）的起重机械。

答案：失灵；不灵敏

11.1.7　起吊物件应绑扎**牢固**，若物件有**棱角**或特别**光滑**的部位时，在棱角和滑面与绳索（吊带）接触处应加以**包垫**。起重吊钩应挂在物件的**重心线**上。起吊电杆等长物件应选择合理的**吊点**，并采取防止突然**倾倒**的措施。

【测试题】

1. 填空题

（1）起吊物件应绑扎（　　　），若物件有棱角或特别光滑的部位时，在棱角和滑面与绳索（吊带）接触处应加以（　　　）。

答案：牢固；包垫

（2）起吊电杆等长物件应选择合理的（　　　），并采取防止突然（　　　）的措施。

答案：吊点；倾倒

（3）起吊物件应绑扎牢固，若物件有（　　　）或特别（　　　）的部位时，在棱角和滑面与绳索（吊带）接触处应加以包垫。

答案：棱角；光滑

（4）起重吊钩应挂在物件的（　　　）上。

答案：重心线

2. 问答题

（1）起吊有棱角或特别光滑的物件时有哪些注意事项？

答案：起吊物件应绑扎牢固，若物件有棱角或特别光滑的部位时，在棱角和滑面与绳索（吊带）接触处应加以包垫。起重吊钩应挂在物件的重心线上。

（2）起吊电杆等长物件时有哪些注意事项？

答案：起吊电杆等长物件应选择合理的吊点，并采取防止突然倾倒的措施。

11.1.8 在起吊、牵引过程中，受力钢丝绳的**周围、上下方、转角滑车内角侧、吊臂**和起吊物的**下面**，禁止有人**逗留**和**通过**。

【事故警示】

1977 年 9 月 8 日，陕西某供电局变电处安装班在 405 厂装运电杆时，违反起吊物下方不能站人的规定，吊车绳脱钩，造成起重物下方作业人员重伤。

【测试题】

1. 填空题

（1）在起吊、牵引过程中，受力钢丝绳的周围、上下方、转向滑车内角侧、吊臂和起吊物的下面，禁止有人（　　）和（　　）。

答案：逗留；通过

（2）在起吊、牵引过程中，受力钢丝绳的周围、上下方、转角滑车（　　）、吊臂和起吊物的（　　），禁止有人逗留和通过。

答案：内角侧；下面

11.1.9 更换**绝缘子串**和**移动导线**的作业，当采用**单吊（拉）线**装置时，应采取防止导线脱落时的**后备保护**措施。

【事故警示一】

2003 年 3 月 23 日，陕西某供电局送电工区停电更换 110kV千陇Ⅱ线路合成绝缘子，没有加挂防导线脱落的保险绳，安全带系在组三绳索上，组三绳断裂，造成作业人员高处坠落死亡。

【事故警示二】

1998 年 12 月 9 日，陕西某供电局送电处带电班带电更换110kV 秦潼线 53 号杆合成绝缘子，使用的组三滑轮上端挂钩没有防脱钩的措施，没有加挂防止导线脱落保险绳，导线坠落，造成地面民工触电死亡。

【测试题】

1. 填空题

（1）更换绝缘子串和移动导线的作业，当采用（　　　）装置时，应采取防止导线脱落时的（　　　）措施。

答案：单吊（拉）线；后备保护

（2）更换（　　　）和移动（　　　）的作业，当采用单吊（拉）线装置时，应采取防止导线脱落时的后备保护措施。

答案：绝缘子串；导线

11.1.10　吊物上不许<u>站人</u>，禁止作业人员利用<u>吊钩</u>来上升或下降。

【事故警示】

1986 年 12 月 6 日，陕西某供电局市区电力局在城北线改线工作中，作业人员严重违反起吊作业规定，冒险手抓吊车吊钩登杆坠落轻伤。

【测试题】

1. 填空题

（1）吊物上不许（　　　），禁止作业人员利用（　　　）来上升或下降。

答案：站人；吊钩

11.2　起重设备一般规定。

11.2.1　没有得到<u>起重司机</u>的同意，任何人<u>不准</u>登上起重机。

【测试题】

1. 判断题

（1）没有得到工作负责人的同意，任何人不准登上起重机。

答案：错误

11.2.2　起重机上应备有<u>灭火装置</u>，驾驶室内应铺<u>橡胶绝缘垫</u>，禁止存放<u>易燃</u>物品。

【测试题】

1. 填空题

（1）起重机上应备有（　　　）装置，驾驶室内应铺（　　　），禁止存放易燃物品。

答案：灭火；橡胶绝缘垫

11.2.3 在用起重机械，应当在每次使用前进行一次**常规性检查**，并做好**记录**。起重机械**每年**至少应做一次全面技术检查。

【测试题】

1. 单选题

（1）起重机械（　　　）至少应做一次全面技术检查。

A. 每半年；B. 每年；C. 每两年。

答案：B

2. 填空题

（1）在用起重机械，应当在每次使用前进行一次（　　　），并做好（　　　）。

答案：常规性检查；记录

11.2.4 起吊重物前，应由**工作负责人**检查**悬吊**情况及所吊物件的**捆绑**情况，认为可靠后方准试行起吊。起吊重物**稍一离地（或支持物）**，应再检查**悬吊**及**捆绑**，认为可靠后方准继续起吊。

【事故警示】

1977年9月8日，陕西某供电局变电处安装班在405厂装运电杆时，起吊前未进行检查，起吊过程中吊车绳脱钩，水泥杆从高处滚下，将站在起重物下方的刘某某右小腿砸断，构成重伤。

【测试题】

1. 填空题

（1）起吊重物前，应由（　　　）检查悬吊情况及所吊物件的（　　　）情况，认为可靠后方准试行起吊。

答案：工作负责人；捆绑

（2）起吊重物（　　　）（或支持物），应再检查（　　　）及捆绑，认为可靠后方准继续起吊。

答案：稍一离地；悬吊

11.2.5 禁止与工作无关人员在起重工作区域内**行走**或**停留**。

【测试题】

1. 填空题

（1）禁止与工作无关人员在起重工作区域内（　　　）或（　　　）。

答案：行走；停留

11.2.6　各式起重机应该根据需要安设<u>过卷扬限制器、过负荷限制器、起重臂俯仰限制器、行程限制器、联锁开关</u>等安全装置；其起升、变幅、运行、旋转机构都应装设<u>制动器</u>，其中起升和变幅机构的制动器应是<u>常闭式</u>的。臂架式起重机应设有<u>力矩限制器</u>和<u>幅度指示器</u>。铁路起重机应安有<u>夹轨钳</u>。

【测试题】

1. 填空题

（1）各式起重机的起升和变幅机构的制动器应是（　　　）的。

答案：常闭式

（2）臂架式起重机应设有（　　　）和（　　　）。

答案：力矩限制器；幅度指示器

（3）铁路起重机应安有（　　　）。

答案：夹轨钳

11.3　人工搬运。

11.3.1　搬运的过道<u>平坦畅通</u>，如在夜间搬运，应有足够的<u>照明</u>。如需经过山地陡坡或凹凸不平之处，应预先制定<u>运输方案</u>，采取必要的<u>安全措施</u>。

【事故警示】

2001年7月4日，陕西某供电局变电处检修一班在110kV耀县变电站做110kV电流互感器更换前的准备工作，在搬运电流互感器过程中，手扶LH的工作负责人踩空跌入拆掉盖板的电缆沟内，电流互感器重心偏离倾倒，致使工作负责人挤压受伤，经抢救无效死亡。

【测试题】

1. 填空题

（1）人工搬运的过道应（　　　），如在夜间搬运，应有足够的

（　　　）。

答案：平坦畅通；照明

（2）人工搬运如需经过山地陡坡或凹凸不平之处，应预先制定（　　　）方案，采取必要的（　　　）。

答案：运输；安全措施

11.3.2　装运电杆、变压器和线盘应绑扎**牢固**，并用绳索**绞紧**。水泥杆、线盘的周围应**塞牢**，防止滚动、移动伤人。运载超长、超高或重大物件时，**物件重心**应与车厢**承重中心**基本一致，超长物件尾部应设**标志**。禁止**客货混装**。

【测试题】

1. 填空题

（1）装运电杆、变压器和线盘应绑扎牢固，并用绳索（　　　）。水泥杆、线盘的周围应（　　　），防止滚动、移动伤人。

答案：绞紧；塞牢

（2）运载超长、超高或重大物件时，物件重心应与车厢（　　　）基本一致，超长物件尾部应设（　　　）。禁止客货混装。

答案：承重中心；标志

2. 问答题

（1）装运电杆、变压器和线盘时有哪些注意事项？

答案：装运电杆、变压器和线盘应绑扎牢固，并用绳索绞紧。水泥杆、线盘的周围应塞牢，防止滚动、移动伤人。运载超长、超高或重大物件时，物件重心应与车厢承重中心基本一致，超长物件尾部应设标志。禁止客货混装。

11.3.3　装卸电杆等笨重物件应采取措施，防止**散堆**伤人。分散卸车时，每卸一根之前，应防止其余杆件**滚动**；每卸完一处，应将车上其余的杆件**绑扎牢固**后，方可继续运送。

【事故警示】

1980年10月25日，陕西某县电力局用汽车运送10m长的水泥杆。卸车时，杨某等三人上车用撬杠撬水泥杆，使之向下滚动。

当卸到第三根电杆时，汽车在松软的田地里倾斜，致使6根电杆相继滚下，杨某被快速滚动的电杆带到车下，又被后面滚下的电杆碾压致死。

【测试题】

1. 填空题

（1）装卸电杆等笨重物件应采取措施，防止（　　　）伤人。分散卸车时，每卸一根之前，应防止其余杆件（　　　）；每卸完一处，应将车上其余的杆件绑扎牢固后，方可继续运送。

答案：散堆；滚动

2. 问答题

（1）装卸电杆有哪些注意事项？

答案：装卸电杆应采取措施，防止散堆伤人。分散卸车时，每卸一根之前，应防止其余杆件滚动；每卸完一处，应将车上其余的杆件绑扎牢固后，方可继续运送。

11.3.4 使用机械牵引杆件上山时，应将杆身**绑牢**，钢丝绳**不准触磨**岩石或坚硬地面，牵引路线两侧 **5m** 以内，不准有人**逗留**或**通过**。

【测试题】

1. 单选题

（1）使用机械牵引杆件上山时，应将杆身绑牢，钢丝绳不准触磨岩石或坚硬地面，牵引路线两侧（　　　）以内，不准有人逗留或通过。

A. 3m；　B. 4m；　C. 5m。

答案：C

2. 填空题

（1）使用机械牵引杆件上山时，应将杆身绑牢，钢丝绳（　　　）触磨岩石或坚硬地面，牵引路线两侧5m以内，不准有人（　　　）或通过。

答案：不准；逗留

3. 问答题

（1）使用机械牵引杆件上山有哪些注意事项？

答案：使用机械牵引杆件上山时，应将杆身绑牢，钢丝绳不准触磨岩石或坚硬地面，牵引路线两侧 5m 以内，不准有人逗留或通过。

11.3.5 多人抬杠，应<u>同肩</u>，<u>步调一致</u>，起放电杆时应相互<u>呼应协调</u>。重大物件不准<u>直接用肩扛运</u>，雨、雪后抬运物件时应有<u>防滑</u>措施。

【测试题】

1. 填空题

（1）多人抬杠，应（　　　），步调一致，起放电杆时应相互（　　　）。

答案：同肩；呼应协调

（2）重大物件不准（　　　）杠运，雨、雪后抬运物件时应有（　　　）措施。

答案：直接用肩；防滑

2. 判断题

（1）重大物件应由多人直接用肩扛运。（　　　）

答案：错误

（2）多人抬杠，应同肩，步调一致，起放电杆时应相互呼应协调。（　　　）

答案：正确

12 配电设备上的工作

> **本章要点**
>
> 　本章对配电设备上工作的安全组织、技术措施和倒闸操作制度进行了补充规定，明确了架空绝缘导线上作业、装表接电、低压带电工作的特殊安全要求。

12.1　配电设备上工作的一般规定。

12.1.1　配电设备［包括 高压配电室、箱式变电站、配电变压器台架、低压配电室（箱）、环网柜、电缆分支箱］停电检修时，应使用**第一种工作票**；同一天内**几处高压配电室、箱式变电站、配电变压器台架**进行**同一类型**工作，可使用**一张**工作票。高压线路**不停电**时，**工作负责人**应向**全体人员**说明**线路上有电**，并**加强监护**。

【测试题】

1. 单选题

（1）同一天内几处高压配电室、箱式变电站、配电变压器台架进行同一类型工作，可使用（　　　　）。

A. 一张工作任务单；B. 一张工作票；C. 一张操作票。

答案：B

（2）配电设备［包括高压配电室、箱式变电站、配电变压器台架、低压配电室（箱）、环网柜、电缆分支箱］停电检修时，应使用（　　　　）。

A. 第一种工作票；B. 第二种工作票；C. 工作任务单。

答案：A

2. 填空题

（1）配电设备停电检修，高压线路不停电时，工作负责人应向全体人员说明（　　　），并加强（　　　）。

答案：线路上有电；监护

12.1.2 在高压配电室、箱式变电站、配电变压器台架上进行工作，不论线路<u>是否停电</u>，应先拉开<u>低压侧刀闸</u>，后拉开<u>高压侧隔离开关（刀闸）或跌落式熔断器</u>，在停电的高、低压引线上<u>验电</u>、<u>接地</u>。以上操作可不使用<u>操作票</u>，在<u>工作负责人</u>监护下进行。

【事故警示】

2012 年 6 月 16 日，某供电所工作人员在 10kV 上瓦房 426 线 16 号配电变压器台进行低压配电箱的安装位置向上移位工作。配电变压器停电后，未对停电设备验电、装设接地线，张某某右手触碰变压器高压套管，触电后从高处坠落，经抢救无效死亡。事后检查变压器高压套管带电原因为 B 相硅橡胶跌落式熔断器绝缘端部密封破坏，潮气进入芯棒空心通道。

【测试题】

1. 单选题

（1）在高压配电室、箱式变电站、配电变压器台架上进行工作，不论线路是否停电，应（　　　），在停电的高、低压引线上验电、接地。

A. 先拉开低压侧刀闸，后拉开高压侧隔离开关（刀闸）或跌落式熔断器；

B. 先拉开高压侧隔离开关（刀闸）或跌落式熔断器，后拉开低压侧刀闸；

C. 拉开跌落式熔断器，并摘下熔断管芯子。

答案：A

2. 填空题

（1）在高压配电室、箱式变电站、配电变压器台架上进行工作，不论线路是否停电，应先拉开（　　　）侧刀闸，后拉开（　　　）

侧隔离开关（刀闸）或跌落式熔断器，在停电的高、低压引线上验电、接地。

答案：低压；高压

（2）在高压配电室、箱式变电站、配电变压器台架上进行工作，不论线路是否停电，应先拉开低压侧刀闸，后拉开高压侧隔离开关（刀闸）或跌落式熔断器，在停电的高、低压引线上（   ）、接地。以上操作可不使用（   ），在工作负责人监护下进行。

答案：验电；操作票

12.1.3　作业前检查<u>双电源</u>和有<u>自备电源</u>的用户已采取<u>机械</u>或<u>电气联锁</u>等防反送电的强制性技术措施。

在<u>双电源</u>和有<u>自备电源</u>的用户线路的高压系统<u>接入点</u>，应有<u>明显断开点</u>，以防止停电作业时用户设备反送电。

【事故警示】

1995 年 9 月 29 日，某供电站作业人员在 10kV 苏东线 62 号杆进行换杆工作，未断开苏东乡支线配电变压器高压丝具，因用户私接电源，经配电变压器返供电至导线上，导致 62 号杆上工作的杨某某在拆除苏东乡支线时触电，由 7.2m 高空跌落死亡。

【测试题】

1. 填空题

（1）作业前检查双电源和有自备电源的用户已采取（   ）或（   ）联锁等防反送电的强制性技术措施。

答案：机械；电气

（2）作业前检查（   ）和有（   ）电源的用户已采取机械或电气联锁等防反送电的强制性技术措施。

答案：双电源；自备

（3）在双电源和有自备电源的用户线路的高压系统（   ），应有明显（   ），以防止停电作业时用户设备返送电。

答案：接入点；断开点

12.1.4　环网柜、电缆分支箱等箱式设备宜设置<u>验电、接地</u>装置。

【测试题】

1. 填空题

（1）环网柜、电缆分支箱等箱式设备宜设置（　　）、（　　）装置。

答案：验电；接地

12.1.5 进行配电设备停电作业前，应断开可能送电到待检修设备、配电变压器各侧的<u>所有线路（包括用户线路）断路器（开关）、隔离开关（刀闸）和熔断器</u>，并<u>验电、接地</u>后，才能进行工作。

【测试题】

1. 填空题

（1）进行配电设备停电作业前，应断开可能送电到待检修设备、配电变压器各侧的所有线路（包括用户线路）断路器（开关）、隔离开关（刀闸）和熔断器，并（　　）、（　　）后，才能进行工作。

答案：验电；接地

（2）进行配电设备停电作业前，应断开可能送电到待检修设备、配电变压器各侧的所有线路（包括用户线路）（　　）、（　　）和熔断器，并验电、接地后，才能进行工作。

答案：断路器（开关）；隔离开关（刀闸）

12.1.6 两台及以上配电变压器低压侧<u>共用</u>一个<u>接地引下线</u>时，其中任一台配电变压器停电检修，其他配电变压器也应<u>停电</u>。

【测试题】

1. 填空题

（1）两台及以上配电变压器低压侧共用一个接地（　　）时，其中任一台配电变压器停电检修，其他配电变压器也应（　　）。

答案：引下线；停电

2. 判断题

（1）两台及以上配电变压器低压侧共用一个接地引下线时，其中任一台配电变压器停电检修，其他配电变压器也应停电。

答案：正确

12.1.7 配电设备验电时，应戴**绝缘手套**。如无法直接验电，可以按 6.3.3 条的规定进行**间接验电**。

【测试题】

1. 填空题

（1）配电设备验电时，应戴（　　　　）。

答案：绝缘手套

（2）配电设备验电时，应戴绝缘手套。如无法直接验电，可以按《安规》有关要求进行（　　　　）。

答案：间接验电

12.1.8 进行电容器停电工作时，应先**断开电源**，将电容器**充分放电、接地**后才能进行工作。

【测试题】

1. 单选题

（1）进行电容器停电工作时，应先断开电源，将电容器（　　　）后才能进行工作。

A. 充分放电；B. 刀闸拉开；C. 接地；D. 充分放电、接地。

答案：D

2. 判断题

（1）进行电容器停电工作时，应先断开电源，将电容器充分放电后才能进行工作。

答案：错误

12.1.9 配电设备接地电阻不合格时，应戴**绝缘手套**方可接触箱体。

【测试题】

1. 填空题

（1）配电设备接地电阻不合格时，应戴（　　　　）方可接触箱体。

答案：绝缘手套

2. 判断题

（1）配电设备接地电阻不合格时，应戴手套方可接触箱体。

答案：错误

12.1.10 配电设备应有**防误闭锁**装置，防误闭锁装置**不准随意退出运行**。倒闸操作过程中禁止**解锁**。如需解锁，应履行**批准**手续。解锁工具（钥匙）使用后应及时**封存**。

【测试题】

1. 单选题

（1）配电设备应有防误闭锁装置，防误闭锁装置（   ）退出运行。

A. 不准随意；B. 不宜；C. 可以。

答案：A

2. 填空题

（1）配电设备应有（   ）装置，不准随意退出运行，倒闸操作过程中禁止（   ）。

答案：防误闭锁；解锁

（2）配电设备倒闸操作过程中禁止解锁。如需解锁，应履行（   ）手续。解锁工具（钥匙）使用后应及时（   ）。

答案：批准；封存

12.1.11 配电设备中使用的普通型电缆接头，禁止**带电插拔**。可带电插拔的肘型电缆接头，不宜**带负荷**操作。

【测试题】

1. 填空题

（1）配电设备中使用的普通型电缆接头，禁止（   ）插拔。

答案：带电

（2）可带电插拔的肘型电缆接头，不宜（   ）操作。

答案：带负荷

12.1.12 杆塔上带电核相时，作业人员与带电部位保持**表 3** 的安全距离。核相工作应**逐相**进行。

【测试题】

1. 单选题

（1）10kV 及以下杆塔上带电核相时，作业人员与带电部位保持（　　）的安全距离。

A. 0.7m；B. 1.0m；C. 1.5m。

答案：A

2. 填空题

（1）杆塔上带电核相时，核相工作应（　　）进行。

答案：逐相

12.2 架空绝缘导线作业。

12.2.1 架空绝缘导线不应视为**绝缘设备**，作业人员不准**直接接触**或**接近**。架空绝缘线路与**裸导线**线路停电作业的安全要求**相同**。

【测试题】

1. 填空题

（1）架空绝缘导线不应视为（　　），作业人员不准直接（　　）或接近。

答案：绝缘设备；接触

（2）架空绝缘线路与（　　）线路停电作业的安全要求相同。

答案：裸导线

12.2.2 架空绝缘导线应在线路的**适当位置**设立**验电接地环**或**其他验电接地**装置，以满足运行、检修工作的需要。

【测试题】

1. 单选题

（1）架空绝缘导线应在线路的（　　）设立验电接地环或其他验电接地装置，以满足运行、检修工作的需要。

A. 适当位置；B. 可靠位置；C. 每档之间。

答案：A

2. 填空题

（1）架空绝缘导线应在线路的适当位置设立验电（　　）或

其他验电接地装置，以满足运行、检修工作的需要。

答案：接地环

12.2.3 在停电检修作业中，<u>开断</u>或<u>接入</u>绝缘导线前，应做好防<u>感应电</u>的安全措施。

【测试题】

1. 填空题

（1）在停电检修作业中，开断或接入绝缘导线前，应做好防（　　）的安全措施。

答案：感应电

（2）在停电检修作业中，（　　）或（　　）绝缘导线前，应做好防感应电的安全措施。

答案：开断；接入

12.3 装表接电。

12.3.1 带电装表接电工作时，应采取<u>防止短路</u>和<u>电弧灼伤</u>的安全措施。

【测试题】

1. 单选题

（1）带电装表接电工作时，应采取防止（　　）和电弧灼伤的安全措施。

A. 短路；B. 断路；C. 开路。

答案：A

2. 填空题

（1）带电装表接电工作时，应采取防止（　　）和（　　）灼伤的安全措施。

答案：短路；电弧

12.3.2 电能表与电流互感器、电压互感器配合安装时，宜<u>停电</u>进行。带电工作时应有防止<u>电流互感器二次开路</u>和<u>电压互感器二次短路</u>的安全措施。

【事故警示】

2001 年 12 月 5 日 12 时 20 分,某计量班班长董某与某供电站杨某巡查 10kV 线路 5 号公网配电变压器台区计量装置,董某在用万用表测量计量装置时,测量表针误碰带电回路,造成 TV 二次电压回路短路,被电弧烧伤。

【测试题】

1. 填空题

(1)电能表与电流互感器、电压互感器配合安装时,宜( )进行。

答案:停电

(2)在电能表、电流互感器、电压互感器配合安装的计量装置上,带电工作时应有防止电流互感器二次( )和电压互感器二次( )的安全措施。

答案:开路;短路

12.3.3 所有配电箱、电表箱均应**可靠接地**且**接地电阻**应满足要求。作业人员在接触运用中的配电箱、电表箱前,应检查**接地装置**是否良好,并用**验电笔**确认其**确无电压**后,方可接触。

【测试题】

1. 单选题

(1)所有配电箱、电表箱均应可靠接地且( )应满足要求。

A. 接地电阻; B. 绝缘电阻; C. 直流电阻。

答案:A

2. 填空题

(1)所有配电箱、电表箱均应( )且接地电阻应满足要求。

答案:可靠接地

(2)作业人员在接触运用中配电箱、电表箱前,应检查( )是否良好,并用( )确认其确无电压后,方可接触。

答案:接地装置;验电笔

12.3.4 当发现配电箱、电表箱箱体带电时,应**断开上一级电源**将其停电，查明带电原因，并作相应处理。

【测试题】

1. 填空题

（1）当发现配电箱、电表箱箱体带电时，应断开（　　　）将其停电，查明带电原因，并作相应处理。

答案：上一级电源

12.3.5 带电接电时作业人员应戴**手套**。

【测试题】

1. 判断题

（1）带电装表接电时作业人员应戴手套。（　　　）

答案：正确

12.4 低压带电工作。

12.4.1 **不填用工作票**的低压电气工作可单人进行。

【测试题】

1. 填空题

（1）（　　　）的低压电气工作可单人进行。

答案：不填用工作票

12.4.2 使用有**绝缘柄**的工具，其外裸的导电部位应采取**绝缘措施**，防止操作时相间或相对地短路。低压电气带电工作应戴**手套**、**护目镜**，并保持**对地绝缘**。禁止使用**锉刀、金属尺和带有金属物的毛刷、毛掸等**工具。

【事故警示一】

1980年6月26日，某电力局外线工冯某某在做低压线路的带电接头作业时，未戴手套，未穿绝缘鞋，不慎左手碰带电导线，触电致死。

【事故警示二】

2000年8月10日，某供电站工作人员对运行中的配电变压器低压计量箱进行带电检查时，造成人员电弧灼伤。使用的工具外裸导电部位未采取绝缘措施是造成本次事故的直接原因。

【测试题】

1. 填空题

（1）低压电气带电工作使用有（　　）的工具，其外裸的导电部位应采取（　　），防止操作时相间或相对地短路。

答案：绝缘柄；绝缘措施

（2）低压电气带电工作应戴（　　）、护目镜，并保持（　　）。禁止使用锉刀、金属尺和带有金属物的毛刷、毛掸等工具。

答案：手套；对地绝缘

2. 判断题

（1）低压电气带电工作使用有绝缘柄的工具，其外裸的导电部位应采取绝缘措施，防止操作时相间或相对地短路。

答案：正确

（2）低压电气带电工作应戴手套、护目镜，并保持对地绝缘。

答案：正确

（3）低压电气带电工作禁止使用锉刀、金属尺和带有金属物的毛刷、毛掸等工具。

答案：正确

12.4.3 高、低压同杆架设，在低压带电线路上工作时，应先检查<u>与高压线的距离</u>，采取防止误碰带电高压设备的措施。在下层低压带电导线未采取<u>绝缘措施或未停电</u>时，作业人员<u>不准穿越</u>。在带电的低压配电装置上工作时，应采取防止相间短路和单相接地的<u>绝缘隔离措施</u>。

【事故警示一】

2004 年 7 月 11 日，某供电局低压班进行带电换电能表工作。工作班成员李某在将旧电能表进出线退出时，未采取防止相间短路和单相接地的绝缘隔离措施，导致零线、相线相碰发生短路，李某手部轻度烧伤。

【事故警示二】

2005 年 8 月 18 日，在湖北某 10kV 联络线登杆检查工作中，作业人员攀登 5 号杆时，穿越与该线路共杆的低压线时（电源为另一条 10kV 线路曹坡 1 号配电变压器），触电坠落轻伤。

【测试题】

1. 填空题

（1）高、低压同杆架设，在低压带电线路上工作时，应先检查与（　　　　），采取防止误碰带电高压设备的措施。在下层低压带电导线未采取绝缘措施或未停电时，作业人员不准（　　　　）。

答案：高压线的距离；穿越

（2）在带电的低压配电装置上工作时，应采取防相间短路和单相接地的（　　　　）。

答案：绝缘隔离措施

12.4.4 上杆前，应先分清<u>相、零线</u>，选好工作位置。断开导线时，<u>应先断开相线，后断开零线</u>。搭接导线时，顺序应<u>相反</u>。

人体不准<u>同时接触两根线头</u>。

【测试题】

1. 填空题

（1）低压带电作业上杆前，应先分清（　　　　）、（　　　　）线，选好工作位置。

答案：相；零

（2）低压带电作业断开导线时，应先断开（　　　　），后断开（　　　　）。

答案：相线；零线

（3）低压带电作业搭接导线时，应先接（　　　　），后接（　　　　）。

答案：零线；相线

2. 判断题

（1）低压带电作业，人体不准同时接触两根线头。

答案：正确

13 带 电 作 业

> **本章要点**
>
> 本章规定了带电作业适用范围、气象条件、作业人员资格和一般组织措施、技术措施，各类带电作业项目的特殊安全要求，以及带电作业工具的保管、使用和试验要求。

13.1 一般规定。

13.1.1 本规程适用于在海拔 1000m 及以下交流 10kV～1000kV、直流±500kV～±800kV（750kV 为海拔 2000m 及以下值）的高压架空电力线路、变电站（发电厂）电气设备上，采用<u>等电位</u>、<u>中间电位和地电位</u>方式进行的带电作业。

在海拔 1000m 以上（750kV 为海拔 2000m 以上）带电作业时，应根据作业区<u>不同海拔高度</u>，修正<u>各类空气与固体绝缘的安全距离和长度、绝缘子片数</u>等，并编制带电作业<u>现场安全规程</u>，经<u>本单位</u>批准后执行。

【测试题】

1. 填空题

（1）《安规》带电作业规定适用于在海拔 1000m 及以下交流 10kV～1000kV、直流±500kV～±800kV（750kV 为海拔 2000m 及以下值）的高压架空电力线路、变电站（发电厂）电气设备上，采用（　　　）、中间电位和（　　　）方式进行的带电作业。

答案：等电位；地电位

（2）在海拔 1000m 以上（750kV 为海拔 2000m 以上）带电作业时，应根据作业区不同海拔高度，修正各类（　　　）的安全距离和长度、（　　）等，并编制带电作业现场安全规程，经本单位批准后执行。

答案：空气与固体绝缘；绝缘子片数

2. 判断题

（1）在海拔1000m以上（750kV为海拔2000m以上）带电作业时，应根据作业区不同海拔高度，修正各类空气与固体绝缘的安全距离和长度、绝缘子片数等，并编制操作工艺方案和安全措施，经本单位批准后执行。

答案：错误

13.1.2　带电作业应在良好天气下进行。如遇**雷电（听见雷声、看见闪电）**、雪、雹、雨、雾等，禁止进行带电作业。**风力大于5级**，或**湿度大于80%**时，不宜进行带电作业。

在特殊情况下，必须在恶劣天气进行带电抢修时，应组织有关人员充分讨论并编制必要的**安全措施**，经**本单位**批准后方可进行。

【事故警示】

某电业局对某220kV线路92号直线铁塔带电更换双串绝缘子中的一串。当杆上人员刚挂好绝缘滑车组，突然下起小雨。在工作班成员的建议下，工作负责人决定继续作业。在将需更换的绝缘子串脱离导线，把新绝缘子串吊至杆上，准备组装时，天下大雨。杆上人员有麻电感觉后终止工作撤离杆塔。随后由于泄漏电流引起弧光接地短路，导致全线跳闸。

【测试题】

1. 单选题

（1）风力大于（　　），或湿度大于80%时，不宜进行带电作业。

A. 4级；B. 5级；C. 6级。

答案：B

（2）在特殊情况下，必须在恶劣天气进行带电抢修时，应组织有关人员充分讨论并编制必要的（　　　），经本单位批准后方可进行。

A. 安全措施；B. 组织措施；C. 技术措施。

答案：A

2. 填空题

（1）在特殊情况下，必须在恶劣天气进行带电抢修时，应组织有关人员充分讨论并编制必要的（　　　），经（　　　）批准后方可进行。

答案：安全措施；本单位

3. 判断题

（1）带电作业应在良好天气下进行。如遇雷电（听见雷声、看见闪电）、雪、雹、雨、雾等，不宜进行带电作业。

答案：错误

4. 问答题

（1）在什么样的天气条件下，禁止或不宜进行带电作业？

答案：如遇雷电（听见雷声、看见闪电）、雪、雹、雨、雾等，禁止进行带电作业。风力大于 5 级时，或湿度大于 80% 时，一般不宜进行带电作业。

13.1.3　对于比较复杂、难度较大的带电作业新项目和研制的新工具，应进行<u>科学试验</u>，确认安全可靠，编出<u>操作工艺方案</u>和<u>安全措施</u>，并经<u>本单位</u>批准后，方可进行和使用。

【测试题】

1. 单选题

（1）对于比较复杂、难度较大的带电作业新项目和研制的新工具，应进行（　　　），确认安全可靠，编出操作工艺方案和安全措施，并经本单位批准后，方可进行和使用。

A. 电气试验；B. 机械试验；C. 科学试验。

答案：C

2. 填空题

（1）对于比较复杂、难度较大的带电作业新项目和研制的新工具，应进行科学试验，确认安全可靠，编出（   ）和（   ），并经本单位批准后，方可进行和使用。

答案：操作工艺方案；安全措施

3. 判断题

（1）对于比较复杂、难度较大的带电作业新项目和研制的新工具，应进行科学试验，确认安全可靠，编出操作工艺方案和安全措施，并经组织有关人员充分讨论后，方可进行和使用。

答案：错误

13.1.4 参加带电作业的人员，应经专门培训，并经考试合格取得资格、单位批准后，方能参加相应的作业。带电作业工作票签发人和工作负责人、专责监护人应由具有带电作业资格、带电作业实践经验的人员担任。

【事故警示】

1981 年 3 月 28 日，某电业局带电班副班长甲某（从事带电作业时间不到一年）带领 7 名工人在某 35kV 线路 12 号耐张杆更换靠导线侧第一片零值绝缘子，甲某和一名学员上杆操作，因无法用绝缘操作杆将松弛后绝缘子取出，甲某便用手直接去取，导线对甲的右手放电，并经甲某的左脚接地，甲某的右手和左脚烧伤。

【测试题】

1. 单选题

（1）参加带电作业的人员，应经专门培训，并经（   ）取得资格、单位批准后，方能参加相应的作业。

A. 考试合格；B. 技术培训；C. 安全培训。

答案：A

2. 多选题

（1）关于带电作业人员应具备的资格，下列叙述正确的有

（　　　）。

A. 参加带电作业的人员，应经专门培训，并经考试合格取得资格、单位批准后，方能参加相应的作业。

B. 参加带电作业的人员，考试合格后，有带电作业资格，今后可不用再进行考试。

C. 带电作业工作票签发人和工作负责人、专责监护人应由具有带电作业资格、带电作业实践经验的人员担任。

答案：AC

3. 填空题

（1）带电作业工作票签发人和（　　　）、（　　　）应由具有带电作业资格、带电作业实践经验的人员担任。

答案：工作负责人；专责监护人

（2）参加带电作业的人员，应经（　　　），并经考试合格取得资格、单位批准后，方能参加（　　　）的作业。

答案：专门培训；相应

4. 判断题

（1）参加带电作业的人员，应经专门培训，并经考试合格取得资格，就能参加相应的作业。

答案：错误

（2）带电作业工作票签发人和工作负责人、专责监护人应由具有丰富的工作经验、能胜任带电作业工作的人员担任。

答案：错误

13.1.5　带电作业应设<u>专责监护人</u>。监护人不准<u>直接操作</u>。监护的范围不准超过<u>一个作业点</u>。复杂或高杆塔作业必要时应增设（<u>塔上</u>）<u>监护人</u>。

【事故警示一】

1981 年 5 月 18 日，某电业局线路工区某供电站电工在某110kV 线路 339 号耐张单杆（11° 转角）横担上使用检测杆测量零值绝缘子。准备换相检测，在穿越中线跳线过程中，工作负责人未认真监护（正在紧分角拉线），以致作业人员手持检测杆上的短路叉碰触中相跳线，触电死亡。

【事故警示二】

1981年6月11日，某供电局送电处原带电一班在110kV略大T接线12号上字形铁塔上，对绝缘子脱串进行带电清扫，监护人直接登塔参与工作，失去监护的作业人员未与带电体保持足够的安全距离，上侧导线对其放电，开关跳闸，重合成功，坠落过程中下相导线再次对其放电，触电坠落死亡。

【测试题】

1. 填空题

（1）带电作业应设（　　　）人。监护的范围不准超过（　　　）作业点。

答案：专责监护；一个

（2）带电作业应设（　　　）。复杂或高杆塔作业必要时应增设（　　　）。

答案：专责监护人；（塔上）监护人

2. 判断题

（1）带电作业专责监护人不准直接操作。

答案：正确

（2）简单的带电作业，监护人可以同时对两个作业点进行监护。

答案：错误

3. 问答题

（1）《安规》对带电作业监护有何规定？

答案：带电作业应设专责监护人。监护人不准直接操作。监护的范围不准超过一个作业点。复杂或高杆塔作业必要时应增设（塔上）监护人。

13.1.6 带电作业工作票签发人或工作负责人认为有必要时，应组织有经验的人员到现场勘察，根据勘察结果作出能否进行带电作业的判断，并确定作业方法和所需工具以及应采取的措施。

【事故警示】

2000 年 3 月 13 日，某分局带电班进行带电开断 10kV 沙环线 104 号杆 T 接线工作，因工作负责人胡某在工作开始前未组织现场勘察，漏停 T 接线所带一台 500kVA 配电变压器，作业人员彭某在解开搭头线扎线时，导线对彭某双手放电拉弧。彭某右拇指被截，构成重伤。

【测试题】

1. 单选题

（1）带电作业（   ）或工作负责人认为有必要时，应组织有经验的人员到现场勘察，根据勘察结果作出能否进行带电作业的判断，并确定作业方法和所需工具以及应采取的措施。

A. 工作许可人；B. 工作票签发人；C. 监护人。

答案：B

2. 多选题

（1）带电作业工作票签发人或工作负责人认为有必要时，应组织有经验的人员到现场勘察，根据勘察结果做出能否进行带电作业的判断，并确定（   ）。

A. 作业方法；B. 所需工具；C. 应采取的措施；D. 操作工艺方案。

答案：ABC

3. 判断题

（1）带电作业工作票签发人或专责监护人认为有必要时，应组织有经验的人员到现场勘察，根据勘察结果做出能否进行带电作业的判断，并确定作业方法和所需工具以及应采取的措施。

答案：错误

13.1.7 带电作业有下列情况之一者，应停用重合闸或直流线路再启动功能，并不准强送电，禁止**约时**停用或恢复重合闸及直流线路再启动功能：

a）中性点有效接地的系统中有可能引起单相接地的作业。

b）中性点非有效接地的系统中有可能引起相间短路的作业。

c）直流线路中有可能引起单极接地或极间短路的作业。

d）工作票签发人或工作负责人认为需要停用重合闸或直流线路再启动功能的作业。

【事故警示一】

某电力局带电班在某 110kV 线路 212 号杆上带电更换耐张串单片零位绝缘子工作，因线路重合闸未退出，工作人员张某在更换绝缘子时，动作过大，造成线路接地，工作人员张某被二次烧伤。

【事故警示二】

1998 年 12 月 9 日，陕西某供电局送电处带电班带电更换 110kV 秦潼线 53 号杆合成绝缘子，未与调度联系停用重合闸，杆上作业人员摘取绝缘子串时，没有加挂防止导线脱落保险绳，导线坠落并将下跨的 10kV 铁三局支线三相导线烧断，导线继续下落，站在导线下方的民工张某某触电死亡。中性点有效接地的系统中有可能引起单相接地的作业，未按规定停用重合闸，是造成事故扩大的重要原因。

【测试题】

1. 填空题

（1）带电作业禁止（　　　　）停用或恢复重合闸及直流线路再启动功能。

答案：约时

2. 问答题

（1）带电作业在什么情况下应停用重合闸或直流线路再启动功能？

答案：带电作业有下列情况之一者，应停用重合闸或直流线路再启动功能：中性点有效接地的系统中有可能引起单相接地的作业；中性点非有效接地的系统中有可能引起相间的作业；直流线路中有可能引起单极接地或极间短路的作业；工作票签发人或工作负责人认为需要停用重合闸或直流再启动功能的作业。

13.1.8 带电作业<u>工作负责人</u>在带电作业工作开始前，应与<u>值班调控人员</u>联系。需要<u>停用重合闸或直流线路再启动功能的作业</u>和<u>带电断、接引线</u>应由<u>值班调控人员</u>履行许可手续。带电作业结束后应及时向<u>值班调控人员</u>汇报。

【测试题】

1. 单选题

（1）带电作业工作负责人在带电作业工作开始前，应与（　　　）联系。

A. 变电站值班员；B. 工作票签发人；C. 值班调控人员。

答案：C

（2）需要停用重合闸或直流线路再启动功能的作业和带电断、接引线应由值班调控人员履行（　　　）。

A. 许可手续；B. 审批手续；C. 监护手续。

答案：A

2. 多选题

（1）关于带电作业，下列叙述正确的是（　　　）。

A. 带电作业工作负责人在带电作业工作开始前，应与值班调控人员联系。

B. 需要停用重合闸或直流线路再启动功能的带电作业应由值班调控人员履行许可手续。

C. 带电断、接引线的工作，应由值班调控人员履行许可手续。

D. 带电作业结束后，工作负责人应及时向工作票签发人汇报。

答案：ABC

3. 填空题

（1）带电作业工作负责人在带电作业工作开始前，应与（　　）联系。带电作业结束后应及时向（　　）汇报。

答案：值班调控人员；值班调控人员

（2）带电作业需要停用（　　）或直流线路再启动功能的作业和带电断、接引线应由值班调控人员履行（　　）。

答案：重合闸；许可手续

4. 判断题

（1）带电作业工作负责人在带电作业工作开始前，应与工作票签发人联系。

答案：错误

（2）带电作业需要停用重合闸或直流线路再启动功能的作业和带电断、接引线应由值班调控人员履行许可手续。

答案：正确

（3）带电作业结束后应及时向工作票签发人汇报。

答案：错误

13.1.9　在带电作业过程中如设备突然停电,作业人员应视设备仍然<u>带电</u>。<u>工作负责人</u>应尽快与<u>调控人员</u>联系,<u>值班调控人员</u>未与<u>工作负责人</u>取得联系前<u>不准强送电</u>。

【事故警示】

某电业局带电班工作负责人林某持线路带电工作票在10kV线路34号杆为某公司配电变压器搭头。工作中,10kV线路故障跳闸,调度员令林某停止现场工作,但林某没有下令停工,而是要求加快施工。工作人员胡某、赵某听说线路停电,也没有做相应安全措施,就继续施工。此时该线路一医院汇报有重要手术,需要立即供电。值班调控人员李某在没有通知工作负责人林某的情况下,对10kV线路强送电,造成胡某、赵某烧伤。

184

【测试题】

1. 填空题

（1）在带电作业过程中如设备突然停电，作业人员应视设备仍然（　　）。工作负责人应尽快与（　　）联系。

答案：带电；调控人员

（2）在带电作业过程中如设备突然停电，（　　）应尽快与调控人员联系，（　　）未与工作负责人取得联系前不准强送电。

答案：工作负责人；值班调控人员

2. 判断题

（1）在带电作业过程中如设备突然停电，作业人员应视设备已经停电。

答案：错误

（2）在带电作业过程中如设备突然停电，工作负责人应尽快与调控人员联系，值班调控人员未与工作负责人取得联系前不准强送电。

答案：正确

3. 问答题

（1）带电作业过程中，若设备突然停电怎么办？

答案：在带电作业过程中如设备突然停电，作业人员应视设备仍然带电。工作负责人应尽快与调控人员联系，值班调控人员未与工作负责人取得联系前不准强送电。

13.2　一般安全技术措施。

13.2.1　进行地电位带电作业时，人身与带电体间的安全距离<u>不准小于表 5</u> 的规定。<u>35kV 及以下</u>的带电设备不能满足<u>表 5</u> 规定的最小安全距离时，应采取<u>可靠的绝缘隔离措施</u>。

表5　带电作业时人身与带电体的安全距离

电压等级 kV	10	35	66	110	220	330	500	750	1000	±400	±500	±660	±800
距离 m	0.4	0.6	0.7	1.0	1.8 (1.6)[a]	2.6	3.4 (3.2)[b]	5.2 (5.6)[c]	6.8 (6.0)[d]	**3.8**[e]	3.4	**4.5**[f]	6.8

注：表中数据是根据线路带电作业安全要求提出的。

[a] 220kV 带电作业安全距离因受设备限制达不到 1.8m 时，经单位批准，并采取必要的措施后，可采用括号内 1.6m 的数值。

[b] 海拔 500m 以下，500kV 取值为 3.2m，但不适用于 500kV 紧凑型线路。海拔在 500m～1000m 时，500kV 取值为 3.4m。

[c] 直线塔边相或中相值。5.2m 为海拔 1000m 以下值，5.6m 为海拔 2000m 以下的距离。

[d] 此为单回输电线路数据，括号中数据 6.0m 为边相值，6.8m 为中相值。表中数值不包括人体占位间隙，作业中需考虑人体占位间隙不得小于 0.5m。

[e] ±400kV 数据是按海拔 3000m 校正的，海拔为 3500m、4000m、4500m、5000m、5300m 时最小安全距离依次为 3.90m、4.10m、4.30m、4.40m、4.50m。

[f] ±660kV 数据是按海拔 500m～1000m 校正的，海拔 1000m～1500m、1500m～2000m 时最小安全距离依次为 4.7m、5.0m。

【事故警示】

某供电局带电班组带电清除 10kV 导线异物。工作班成员李某登杆至距带电体 0.4m 处打好安全带，使用绝缘操作杆开始清除异物。作业过程中，由于动作过大，带电导线对手臂安全距离小于 0.4m，造成触电，从高处坠落。

【测试题】

1. 单选题

（1）进行 10kV 地电位带电作业时，人身与带电体间的最小安全距离为（　　）。

A. 0.7m；B. 0.6m；C. 0.5m；D. 0.4m。

答案：D

2. 填空题

（1）进行地电位带电作业，（　　）kV 及以下的带电设备，不能满足带电作业时人身与带电体的最小安全距离时，应采取可靠的（　　　　）措施。

答案：35；绝缘隔离

（2）进行地电位带电作业，人身与带电体间的最小安全距离为：110kV（　　　　）m，330kV（　　　　）m。

答案：1.0；2.6

3．判断题

（1）进行地电位带电作业，110kV 的带电设备，不能满足带电作业时人身与带电体的最小安全距离时，应采取可靠的绝缘隔离措施。

答案：错误

13.2.2 绝缘操作杆、绝缘承力工具和绝缘绳索的**有效绝缘长度不准小于表 6** 的规定。

表 6　绝缘工具最小有效绝缘长度

电压等级 kV	有效绝缘长度 m	
	绝缘操作杆	绝缘承力工具、绝缘绳索
10	0.7	0.4
35	0.9	0.6
66	1.0	0.7
110	1.3	1.0
220	2.1	1.8
330	3.1	2.8
500	4.0	3.7
750	5.3	5.3
绝缘工具最小有效绝缘长度 m		
1000	6.8	
±400	3.75[a]	
±500	3.7	

表 6（续）

电压等级 kV	绝缘工具最小有效绝缘长度 m
±660	5.3
±800	6.8
^a ±400kV 数据是按海拔 3000m 校正的，海拔为 3500m、4000m、4500m、5000m、5300m 时最小安全距离依次为 3.90m、4.10m、4.25m、4.40m、4.50m。	

【测试题】

1. 填空题

（1）带电作业所使用绝缘操作杆的最小有效绝缘长度为：10kV（   ）m，35kV（   ）m。

答案：0.7；0.9

（2）带电作业所使用绝缘操作杆的最小有效绝缘长度为：110kV（   ）m，330kV（   ）m。

答案：1.3；3.1

（3）带电作业所使用绝缘承力工具、绝缘绳索的最小有效绝缘长度为：10kV（   ）m，35kV（   ）m。

答案：0.4；0.6

（4）带电作业所使用绝缘承力工具、绝缘绳索的最小有效绝缘长度为：110kV（   ）m，330kV（   ）m。

答案：1.0；2.8

13.2.3 带电作业不准使用<u>非绝缘绳索（如棉纱绳、白棕绳、钢丝绳）</u>。

【事故警示】

1995 年 4 月 21 日，某供电局带电班在 110kV 线路带电更换绝缘子时，工作人员宋某误将白棕绳当做绝缘绳使用，结果发生导线接地，造成一死两伤。

【测试题】

1. 多选题

（1）带电作业不准使用（   ）。

A. 白棕绳；B. 锦纶长丝绝缘绳；C. 蚕丝绳；D. 棉纱绳。

答案：AD

2. 判断题

（1）带电作业不准使用非绝缘绳索。

答案：正确

13.2.4 带电更换绝缘子或在绝缘子串上作业,应保证作业中<u>良好绝缘子片数不少于表 7</u> 的规定。

表 7　良好绝缘子最少片数

电压等级 kV	35	66	110	220	330	500	750	1000	±500	±660	±800
片数	2	3	5	9	16	23	25 a	37 b	22 c	25 d	32 e

> a　海拔 2000m 以下时，750kV 良好绝缘子最少片数，应根据单片绝缘子高度按照良好绝缘子总长度不小于 4.9m 确定，由此确定 xwp300 绝缘子（单片高度为 195mm），良好绝缘子最少片数为 25 片。
> b　海拔 1000m 以下时，1000kV 良好绝缘子最少片数，应根据单片绝缘子高度按照良好绝缘子总长度不小于 7.2m 确定，由此确定（单片高度为 195mm）良好绝缘子最少片数为 37 片。表中数值不包括人体占位间隙，作业中需考虑人体占位间隙不得小于 0.5m。
> c　单片高度 170mm。
> d　海拔 500m～1000m 以下时，±660kV 良好绝缘子最少片数，应根据单片绝缘子高度按照良好绝缘子总长度不小于 4.7m 确定，由此确定（单片绝缘子高度为 195mm），良好绝缘子最少片数为 25 片。
> e　海拔 1000m 以下时，±800kV 良好绝缘子最少片数，应根据单片绝缘子高度按照良好绝缘子总长度不小于 6.2m 确定，由此确定（单片绝缘子高度为 195mm），良好绝缘子最少片数为 32 片。

【事故警示】

2000 年 8 月 2 日，某供电局带电班徐某在 220kV 线带电更换绝缘子时，在没有发现良好绝缘子片数不够的情况下，擅自开工，导致空气间隙不够发生放电，电工徐某当场死亡。

【测试题】

1. 填空题

（1）带电更换绝缘子或在绝缘子串上作业，应保证作业中良好绝缘子片数不少于：110kV（　　　）片；330kV（　　　）片。

答案：5；16

13.2.5 在绝缘子串未脱离导线前，拆、装<u>靠近横担</u>的<u>第一片</u>绝缘子时，应采用<u>专用短接线</u>或穿<u>屏蔽服</u>方可直接进行操作。

【事故警示】

某带电班在带电更换220kV线路耐张绝缘子串的工作中，作业人员甲、乙将绝缘子串松弛后，甲人员在未穿屏蔽服也未采用专用短接线的情况下，将横担侧第一片绝缘子脱开，并用手抓住将其推向导线侧时发生触电。

【测试题】

1. 单选题

（1）在绝缘子串未脱离导线前，带电拆、装靠近横担的第一片绝缘子时，应采用专用短接线或（　　　）方可直接进行操作。

A. 穿绝缘靴；B. 戴绝缘手套；C. 穿屏蔽服。

答案：C

2. 填空题

（1）在绝缘子串未脱离导线前，带电拆、装靠近横担的（　　　）绝缘子时，应采用（　　　）或穿屏蔽服方可直接进行操作。

答案：第一片；专用短接线

13.2.6 在<u>市区或人口稠密的地区</u>进行带电作业时，工作现场应<u>设置围栏</u>，派<u>专人监护</u>，禁止<u>非工作人员</u>入内。

【测试题】

1. 填空题

（1）在市区或人口稠密的地区进行带电作业时，工作现场应设置（　　　），派专人监护，禁止（　　　）入内。

答案：围栏；非工作人员

（2）在市区或（　　　）的地区进行带电作业时，工作现场应设置围栏，派（　　　），禁止非工作人员入内。

答案：人口稠密；专人监护

13.2.7 非特殊需要,不应在**跨越处下方或邻近有电力线路或其他弱电线路**的档内进行**带电架、拆线**的工作。如需进行,则应制定可靠的**安全技术措施,经本单位**批准后方可进行。

【测试题】

1. 填空题

(1) 非特殊需要,不应在跨越处下方或(　　　) 有电力线路或其他(　　　) 线路的档内进行带电架、拆线的工作。

答案: 邻近; 弱电

2. 判断题

(1) 非特殊需要,不应在跨越处下方或邻近有电力线路或其他弱电线路的档内进行带电架、拆线的工作。

答案: 正确

(2) 如需在跨越处下方或邻近有电力线路或其他弱电线路的档内进行带电架、拆线的工作,则应制定可靠的操作工艺方案,经本单位批准后,方可进行。

答案: 错误

13.3 等电位作业。

13.3.1 等电位作业一般在 **66kV、±125kV 及以上**电压等级的电力线路和电气设备上进行。若需在 **35kV** 电压等级进行等电位作业时,应采取**可靠的绝缘隔离措施。20kV 及以下**电压等级的电力线路和电气设备上**不准进行等电位作业**。

【事故警示】

1970 年 6 月 13 日某电业局所辖供电所带电班在 6kV15 号杆配电变压器上,进行搭接高压引流线工作。等电位作业人员张某左脚登在绝缘三角板上,右脚站在低压横担上,正在做接引的准备工作。此时,绝缘三角板倾斜,张某手里所持引流线的绑线甩向中相导线,引起弧光,衣服着火,烧伤面积达 40%,经抢救无效后死亡。(注解:20 世纪 60~70 年代由于受当时设备条件及作业方法限制，部分地区配网带电作业采用等电位作业法，由于配网设备各类电气间隙过小，作业人员很难保证相关安全距离，故20kV及以下电压等级的电力线路和电气设备上不准进行等电位作业。）

【测试题】

1. 单选题

（1）若需在 35kV 电压等级进行等电位带电作业时，应采取可靠的（　　）措施。

A. 安全措施；B. 技术措施；C. 绝缘隔离。

答案：C

2. 填空题

（1）若需在 35kV 电压等级进行等电位带电作业时，应采取可靠的（　　）措施。（　　）kV 及以下电压等级的电力线路和电气设备上不准进行等电位带电作业。

答案：绝缘隔离；20

3. 判断题

（1）等电位带电作业一般在 66kV、±125kV 及以上电压等级的电力线路和电气设备上进行。

答案：正确

（2）20kV 及以下电压等级的电力线路和电气设备上不准进行等电位带电作业。

答案：正确

13.3.2 等电位作业人员应在衣服外面穿合格的<u>全套屏蔽服（包括帽、衣裤、手套、袜和鞋，**750kV、1000kV** 等电位作业人员还应戴面罩）</u>，且各部分应<u>连接良好</u>。屏蔽服内还应穿着<u>阻燃内衣</u>。

禁止通过屏蔽服<u>断、接接地电流、空载线路和耦合电容器的电容电流</u>。

【测试题】

1. 单选题

（1）等电位作业人员应在衣服外面穿合格的全套屏蔽服（包

括帽、衣裤、手套、袜和鞋，750kV、1000kV 等电位作业人员还应戴面罩），且各部分应（　　　）。

A. 绝缘良好；B. 连接良好；C. 齐全完好。

答案：B

（2）等电位作业，屏蔽服内还应穿着（　　　）。

A. 工作服；B. 全棉内衣；C. 阻燃内衣。

答案：C

2. 填空题

（1）禁止通过屏蔽服断、接（　　　）、空载线路和（　　　）的电容电流。

答案：接地电流；耦合电容器

3. 问答题

（1）等电位作业时对作业人员穿着屏蔽服有何规定？

答案：等电位作业人员应在衣服外面穿合格的全套屏蔽服（包括帽、衣裤、手套、袜和鞋，750kV、1000kV 等电位作业人员还应戴面罩），且各部分应连接良好。屏蔽服内还应穿着阻燃内衣。

13.3.3 等电位作业人员<u>对接地体的距离</u>应不小于<u>表 5</u> 的规定，<u>对相邻导线的距离</u>应不小于<u>表 8</u> 的规定。

表 8　等电位作业人员对邻相导线的最小距离

电压等级 kV	35	66	110	220	330	500	750
距离 m	0.8	0.9	1.4	2.5	3.5	5.0	6.9（7.2）[a]
a　6.9m 为边相值，7.2m 为中相值。表中数值不包括人体活动范围，作业中需考虑人体活动范围不得小于 0.5m。							

【测试题】

1. 填空题

（1）等电位带电作业，作业人员对接地体的安全距离不得小于：110kV（　　　）m，330kV（　　　）m。

　　答案：1.0；2.6

　　（2）等电位带电作业，作业人员对邻相导线的安全距离不得小于：110kV（　　　）m，330kV（　　　）m。

　　答案：1.4；3.5

13.3.4 等电位作业人员在绝缘梯上作业或者沿绝缘梯进入强电场时，其与接地体和带电体两部分间隙所组成的组合间隙不准小于**表 9** 的规定。

表 9　等电位作业中的最小组合间隙

电压等级kV	66	110	220	330	500	750	1000	±400	±500	±660	±800
距离m	0.8	1.2	2.1	3.1	3.9	4.9[a]	6.9（6.7）[b]	3.9[c]	3.8	4.3[d]	6.6

> [a] 4.9m 为直线塔中相值。表中数值不包括人体占位间隙，作业中需考虑人体占位间隙不得小于 0.5m。
>
> [b] 6.9m 为中相值，6.7m 为边相值。表中数值不包括人体占位间隙，作业中需考虑人体占位间隙不得小于 0.5m。
>
> [c] ±400kV 数据是按海拔 3000m 校正的，海拔为 3500m、4000m、4500m、5000m、5300m 时最小组合间隙依次为 4.15m、4.35m、4.55m、4.80m、4.90m。
>
> [d] 海拔 500m 以下，±660kV 取 4.3m 值；海拔 500m～1000m、1000m～1500m、1500m～2000m 时最小组合间隙依次为 4.6m、4.8m、5.1m。

　　【事故警示】

　　2007 年 2 月 7 日，某公司带电班带电处理某 330kV 线路杆塔中相小号侧导线防振锤掉落缺陷。绝缘绳及软梯挂好并检查牢固可靠后，等电位作业人员李某攀登软梯至与梯头（铝合金）0.5m 左右时，导线上悬挂梯头通过人体所穿屏蔽服对塔身放电，导致其从距地面 26m 处跌落到铁塔平口处，后又坠落地面（此时工作人员还未系安全带），经抢救无效死亡。经调查，放电原因为绝缘软梯挂点选择不当，作业人员进入后组合间隙仅余 0.6m。

【测试题】

1. 填空题

（1）等电位作业人员在绝缘梯上作业或者沿绝缘梯进入强电场时，其与接地体和带电体两部分间隙所组成的组合间隙不准小于：110kV（　　　）m；330kV（　　　）m。

答案：1.2；3.1

13.3.5 等电位作业人员沿绝缘子串进入强电场的作业，一般在 **220kV 及以上**电压等级的绝缘子串上进行。其组合间隙不准小于**表 9** 的规定。若不满足表 9 的规定，应加装**保护间隙**。扣除**人体短接的和零值**的绝缘子片数后，良好绝缘子片数不准小于**表 7** 的规定。

【测试题】

1. 单选题

（1）等电位作业人员沿绝缘子串进入强电场的作业，一般在（　　　）及以上电压等级的绝缘子串上进行。

A. 35kV；B. 110kV；C. 220kV。

答案：C

2. 填空题

（1）等电位作业人员沿绝缘子串进入强电场的作业，一般在 220kV 及以上电压等级的绝缘子串上进行。扣除（　　　）的和（　　　）的绝缘子片数后，良好绝缘子片数不准小于《安规》相关规定。

答案：人体短接；零值

3. 判断题

（1）等电位作业人员沿绝缘子串进入强电场的作业，一般在 110kV 及以上电压等级的绝缘子串上进行。

答案：错误

（2）等电位作业人员沿绝缘子串进入强电场的作业，其组合间隙若不满足《安规》相关规定，应加装绝缘隔离措施。

答案：错误

13.3.6 等电位作业人员在电位转移前，应得到<u>工作负责人</u>的许可。转移电位时，人体裸露部分与带电体的距离不应小于<u>表 10</u>的规定。750kV、1000kV 等电位作业应使用<u>电位转移棒</u>进行电位转移。

表 10　等电位作业转移电位时人体裸露部分与带电体的最小距离

电压等级 kV	35、66	110、220	330、500	±400、±500	750、1000
距离 m	0.2	0.3	0.4	0.4	0.5
注：750kV、1000kV 等电位作业同时执行 13.3.2。					

【测试题】

1. 单选题

（1）等电位作业人员在电位转移前，应得到（　　　）的许可。

A. 工作负责人；B. 工作许可人；C. 工作监护人。

答案：A

2. 多选题

（1）关于等电位作业人员进行电位转移，下列说法正确的是（　　　）。

A. 等电位作业人员在电位转移前，应得到工作负责人的许可。

B. 等电位作业人员在电位转移前，应得到工作许可人的许可。

C. 等电位作业人员转移电位时，人体裸露部分与带电体的距离不应小于《安规》相关的规定。

D. 750kV、1000kV 等电位作业应使用电位转移棒进行电位转移。

答案：ACD

3. 判断题

（1）等电位作业人员转移电位时，人体裸露部分与带电体的距离 110kV 不应小于 0.3m，330kV 不应小于 0.4m。

答案：正确

13.3.7 等电位作业人员与地电位作业人员传递工具和材料时，应使用**绝缘工具**或**绝缘绳索**进行，其**有效长度**不准小于**表 6** 的规定。

【测试题】

1. 填空题

（1）等电位作业人员与地电位作业人员传递工具和材料时，应使用绝缘工具或（　　　）进行，其（　　　）不准小于《安规》相关规定。

答案：绝缘绳索；有效长度

2. 判断题

（1）等电位作业人员与地电位作业人员传递工具和材料时，应使用工具或绳索进行，其有效长度不准小于《安规》相关规定。

答案：错误

13.3.8 沿导、地线上悬挂的软、硬梯或飞车进入强电场的作业应遵守下列规定：

13.3.8.1 在连续档距的导、地线上挂梯（或飞车）时，其导、地线的截面**不准小于**：**钢芯铝绞线和铝合金绞线 120mm²；钢绞线 50mm²（等同 OPGW 光缆和配套的 LGJ－70/40 导线）**。

【事故警示】

2003 年 3 月 18 日，某供电局带电班在 110kV 线路连续档距内利用飞车进入强电场作业。在作业的过程中，导线突然断落，造成工作人员范某从高处坠落死亡。经调查，工作负责人周某台账记录 110kV 线钢芯铝绞线型号 LGJ-120/20，实际导线型号为 LGJ-95/15，且导线有断股。

【测试题】

1. 填空题

（1）在连续档距的导、地线上挂梯（或飞车）时，其导、地线的截面不准小于：钢芯铝绞线和铝合金绞线（　　　）mm²；钢绞线（　　　）mm²（等同 OPGW 光缆和配套的 LGJ–70/40 导线）。

答案：120；50

13.3.8.2 <u>有下列情况之一者，应经验算合格</u>，并经<u>本单位</u>批准后才能进行：

a）在孤立档的导、地线上的作业。

b）在有断股的导、地线和锈蚀的地线上的作业。

c）在 13.3.8.1 条以外的其他型号导、地线上的作业。

d）两人以上在同档同一根导、地线上的作业。

【测试题】

1. 问答题

（1）在沿导、地线上悬挂的软、硬梯或飞车进入强电场的作业中，哪些情况应经验算合格，并经本单位批准后才能进行？

答案：1）在孤立档的导、地线上的作业；

2）在有断股的导、地线和锈蚀的地线上的作业；

3）在 13.3.8.1 条以外的其他型号导、地线上的作业；

4）两人以上在同档同一根导、地线上的作业。

13.3.8.3 在导、地线上悬挂梯子、飞车进行等电位作业前，应检<u>查本档两端杆塔处导、地线的紧固情况</u>。挂梯载荷后，应保持<u>地线及人体</u>对下方带电导线的安全间距比<u>表 5</u> 中的数值<u>增大 0.5m</u>；<u>带电导线及人体</u>对被跨越的电力线路、通信线路和其他建筑物的安全距离应比<u>表 5</u> 中的数值<u>增大 1m</u>。

【测试题】

1. 填空题

（1）在导、地线上悬挂梯子、飞车进行等电位作业前，应检查（　　　）杆塔处导、地线的（　　　）情况。

答案：本档两端；紧固

（2）在导、地线上悬挂梯子、飞车进行等电位作业挂梯载荷后，应保持地线及（　　　）对下方带电导线的安全间距比"带电

作业时人身与带电体的安全距离"的数值增大（　　）m;

答案：人体；0.5

（3）在导、地线上悬挂梯子、飞车进行等电位作业挂梯载荷后，（　　）及人体对被跨越的电力线路、通信线路和其他建筑物的安全距离应比"带电作业时人身与带电体的安全距离"的数值增大（　　）m。

答案：带电导线；1

13.3.8.4 在<u>瓷横担线路</u>上禁止挂梯作业，在<u>转动横担的线路</u>上挂梯前应将横担<u>固定</u>。

【测试题】

1. 判断题

（1）在瓷横担线路上禁止挂梯作业，在转动横担的线路上挂梯前应将横担固定。

答案：正确

13.3.9 等电位作业人员在作业中禁止用<u>酒精、汽油等易燃品</u>擦拭<u>带电体及绝缘部分</u>，防止起火。

【测试题】

1. 填空题

（1）等电位作业人员在作业中禁止用酒精、汽油等（　　）擦拭带电体及（　　），防止起火。

答案：易燃品；绝缘部分

2. 判断题

（1）等电位作业人员在作业中禁止用酒精、汽油等易燃品擦拭带电体及绝缘部分，防止起火。

答案：正确

13.4 带电断、接引线。

13.4.1 带电断、接空载线路，应遵守下列规定：

a）带电断、接空载线路时，应确认线路的另一端断路器（开关）和隔离开关（刀闸）确已**断开**，**接入线路侧的变压器、电压互感器确已退出运行**后，方可进行。

禁止**带负荷断、接引线**。

b）带电断、接空载线路时，作业人员应戴**护目镜**，并应采取**消弧**措施。消弧工具的**断流能力**应与被断、接的空载线路**电压等级及电容电流**相适应。如使用消弧绳，则其断、接空载线路的长度不应大于**表 11** 规定，**且作业人员与断开点**应保持 **4m** 以上的距离。

表 11 使用消弧绳断、接空载线路的最大长度

电压等级 kV	10	35	66	110	220
长度 km	50	30	20	10	3
注：线路长度包括分支在内，但不包括电缆线路。					

c）在查明线路**确无接地**、**绝缘良好**、**线路上无人工作**且**相位确定无误**后，方可进行带电断、接引线。

d）带电接引线时**未接通相的导线**及带电断引线时**已断开相的导线**将因感应而带电。为防止电击，应**采取措施**后才能触及。

e）禁止**同时**接触**未接通**的或**已断开**的导线两个断头，以防人体串入电路。

【事故警示一】

1983 年 12 月 23 日，某电业局带电班在某 66kV 线路上带电连接 20km 空载线路，该线路 T 接了 4 个用户变电站。工作中，不带电导线在搭接时发出"嗡嗡"声，塔上工作人员李某左脚及手腕烧伤。事后查明是由于一用户违反调度命令，私自合上变电站进线开关而导致的。

【事故警示二】

1972 年 9 月，某供电局送电处在电厂带电搭接 110kV 母线，搭第二相时，工作人员手直接碰触未搭接上的引线，感应电触电，

将冯某手指烧伤。

【测试题】

1. 多选题

（1）带电断、接空载线路时，应确认线路的另一端断路器（开关）和隔离开关（刀闸）确已断开，接入线路侧的（　　）确已退出运行后，方可进行。禁止带负荷断、接引线。

A. 电流互感器；B. 电压互感器；C. 变压器。

答案：BC

2. 填空题

（1）带电断、接空载线路时，应确认线路的另一端断路器（开关）和隔离开关（刀闸）确已（　　），（　　）侧的变压器、电压互感器确已退出运行后，方可进行。禁止带负荷断、接引线。

答案：断开；接入线路

（2）带电断、接空载线路时，应确认线路的另一端断路器（开关）和隔离开关（刀闸）确已断开，接入线路侧的变压器、电压互感器确已（　　）后，方可进行。禁止（　　）断、接引线。

答案：退出运行；带负荷

（3）带电断、接空载线路时，作业人员应戴（　　），并应采取消弧措施。消弧工具的断流能力应与被断、接的空载线路（　　）及电容电流相适应。

答案：护目镜；电压等级

（4）带电断、接空载线路时，如使用消弧绳，则其断、接的空载线路的长度不应大于"使用消弧绳断、接空载线路的最大长度"规定，且作业人员与（　　）应保持（　　）m以上的距离。

答案：断开点；4

（5）使用消弧线绳断、接空载线路的最大长度，10kV线路为50km，35kV线路为（　　）km，110kV线路为（　　）km。

答案：30；10

（6）在查明线路确无（　　）、绝缘良好、线路上无人工作且

（　　）确定无误后，方可进行带电断、接引线。

答案：接地；相位

（7）带电接引线时（　　）的导线及带电断引线时（　　）的导线将因感应而带电。为防止电击，应采取措施后才能触及。

答案：未接通相；已断开相

（8）带电接引线时未接通相的导线及带电断引线时已断开相的导线将因感应而带电。为防止电击，应（　　）后才能触及。

答案：采取措施

（9）带电断、接引线时，禁止（　　）接触未接通的或（　　）的导线两个断头，以防人体串入电路。

答案：同时；已断开

3. 判断题

（1）带电断、接空载线路时，作业人员应戴护目镜，并应采取消弧措施。

答案：正确

（2）在查明线路确无接地、绝缘良好、相位确定无误后，方可进行带电断、接引线。

答案：错误

（3）带电接引线时未接通相的导线及带电断引线时已断开相的导线将因感应而带电。为防止电击，应采取措施后才能触及。

答案：正确

（4）带电断、接引线时，禁止同时接触未接通的或已断开的导线两个断头，以防人体串入电路。

答案：正确

13.4.2 禁止用断、接空载线路的方法使两电源**解列**或**并列**。

【测试题】

1. 填空题

（1）禁止用断、接空载线路的方法使两电源（　　）或（　　）。

答案：解列；并列

13.4.3 带电断、接耦合电容器时，应将其**接地刀闸**合上、停用**高频保护和信号回路**。被断开的电容器应**立即对地放电**。

1. 填空题

（1）带电断、接耦合电容器时，应将其（　　）合上、停用高频保护和（　　）。被断开的电容器应立即对地放电。

答案：接地刀闸；信号回路

（2）带电断、接耦合电容器时，应将其接地刀闸合上、停用（　　）和信号回路。被断开的电容器应立即（　　）。

答案：高频保护；对地放电

13.4.4 带电断、接空载线路、耦合电容器、避雷器、阻波器等设备引线时，应采取防止**引流线摆动**的措施。

【事故警示】

1981年12月12日，某供电局带电班带电断开10kV地四线三合支线引流线（三角形排列），操作人员崔某某在剪断A、C相引流后，即剪B相（上相）引流线，由于B相引流太长，没有中间支点，在剪断后，引流顺剪线钳滑下，搭在带电的C相导线上，引起C相接地短路，崔某某左手左脚遭电击。

【测试题】

1. 填空题

（1）带电断、接空载线路、耦合电容器、避雷器、阻波器等设备引线时，应采取防止（　　）的措施。

答案：引流线摆动

13.5 带电短接设备。

13.5.1 用分流线短接断路器（开关）、隔离开关（刀闸）、跌落式熔断器等载流设备，应遵守**下列规定：**

a）短接前一定要核对相位。

b）组装分流线的导线处应清除氧化层，且线夹接触应牢固可靠。

c）35kV 及以下设备使用的绝缘分流线的绝缘水平应符合表15 的规定。

d）断路器（开关）应处于合闸位置，并取下跳闸回路熔断器，锁死跳闸机构后，方可短接。

e）分流线应支撑好，以防摆动造成接地或短路。

【事故警示】

某班组采用绝缘斗臂车绝缘手套作业法处理 10kV 柱上断路器引线接头发热问题。在未采取任何防止断路器跳闸措施的情况下用引流线短接断路器，当李某将引流线一端连接到线路上，正要连接另一端时，断路器突然跳闸，引流线和导线之间燃起电弧，将李某烧伤。

【测试题】

1. 问答题

（1）用分流线带电短接断路器（开关）、隔离开关（刀闸）、跌落式熔断器等载流设备，应遵守哪些规定？

答案：1）短接前一定要核对相位。

2）组装分流线的导线处应清除氧化层，且线夹接触应牢固可靠。

3）35kV 及以下设备使用的绝缘分流线的绝缘水平应符合相关的规定。

4）断路器（开关）应处于合闸位置，并取下跳闸回路熔断器，锁死跳闸机构后，方可短接。

5）分流线应支撑好，以防摆动造成接地或短路。

13.5.2 阻波器被短接前，严防等电位作业人员**人体短接**阻波器。

【测试题】

1. 填空题

（1）阻波器被短接前，严防等电位作业人员（　　　）阻波器。

答案：人体短接

13.5.3 短接开关设备或阻波器的分流线**截面和两端线夹的载流**

容量，应满足**最大负荷电流**的要求。

【测试题】

1. 单选题

（1）短接开关设备或阻波器的分流线截面和两端线夹的载流容量，应满足（　　）电流的要求。

A. 最大负荷；B. 正常负荷；C. 短路。

答案：A

2. 填空题

（1）带电短接开关设备或阻波器的分流线（　　）和两端线夹的（　　），应满足最大负荷电流的要求。

答案：截面；载流容量

13.6　带电清扫机械作业。

13.6.1　进行带电清扫工作时，绝缘操作杆的**有效长度**不准小于**表6**的规定。

【测试题】

1. 单选题

（1）进行 10kV 带电清扫工作时，绝缘操作杆的有效长度不准小于（　　）。

A. 0.7m；B. 0.9m；C. 1.0m。

答案：A

（2）进行 110kV 带电清扫工作时，绝缘操作杆的有效长度不准小于（　　）。

A. 1.0m；B. 1.3m；C. 2.1m。

答案：B

（3）进行 330kV 带电清扫工作时，绝缘操作杆的有效长度不准小于（　　）。

A. 1.3m；B. 2.1m；C. 3.1m。

答案：C

13.6.2 在使用带电清扫机械进行清扫前,应确认:<u>清扫机械工况（电机及控制部分、软轴及传动部分等）完好,绝缘部件无变形、脏污和损伤,毛刷转向正确,清扫机械已可靠接地。</u>

【测试题】

1. 问答题

（1）使用带电清扫机械进行清扫,应对清扫机械做哪些检查确认?

答案:在使用带电清扫机械进行清扫前,应确认:清扫机械工况（电机及控制部分、软轴及传动部分等）完好,绝缘部件无变形、脏污和损伤,毛刷转向正确,清扫机械已可靠接地。

13.6.3 带电清扫作业人员应站在<u>上风侧</u>位置作业,应戴<u>口罩</u>、<u>护目镜</u>。

【测试题】

1. 填空题

（1）带电清扫作业人员应站在（   ）位置作业,应戴口罩、护目镜。

答案:上风侧

（2）带电清扫作业人员应站在上风侧位置作业,应戴（   ）、（   ）。

答案:口罩；护目镜

13.6.4 作业时,作业人的双手应始终握持绝缘杆<u>保护环以下</u>部位,并保持带电清扫有关绝缘部件的<u>清洁</u>和<u>干燥</u>。

【事故警示】

2008年8月,某供电局带电班使用清扫机械对10kV线路城区变压器进行带电清扫。带电作业人员胡某为清扫变压器上端隔离开关,失手握在了绝缘杆保护环以上,造成触电。

【测试题】

1. 填空题

（1）作业时,作业人员的双手应始终握持绝缘杆保护环

（　　　）部位，并保持带电清扫有关绝缘部件的（　　　）和干燥。

答案：以下；清洁

13.7 高压绝缘斗臂车作业。

13.7.1 <u>高架绝缘斗臂车应经检验合格</u>。斗臂车操作人员应熟悉<u>带电作业</u>的有关规定，并经<u>专门培训</u>，<u>考试合格</u>、<u>持证上岗</u>。

【测试题】

1. 填空题

（1）高架绝缘斗臂车应经（　　　）合格。斗臂车操作人员应熟悉带电作业的有关规定，并经专门培训，考试合格、（　　　）上岗。

答案：检验；持证

（2）高架绝缘斗臂车应经检验合格。斗臂车操作人员应熟悉（　　　）的有关规定，并经（　　　），考试合格、持证上岗。

答案：带电作业；专门培训

13.7.2 高架绝缘斗臂车的工作位置应<u>选择适当</u>，支撑应<u>稳固可靠</u>，并有<u>防倾覆</u>措施。使用前应在<u>预定位置空斗试操作一次</u>，确认<u>液压传动、回转、升降、伸缩系统工作正常、操作灵活，制动装置可靠</u>。

【事故警示】

某带电班组在 10kV 线路上进行带电修补导线作业，作业前未对绝缘斗臂车进行空斗试操作，在作业结束操作斗臂车返回地面时，斗臂突然停止工作，造成两名作业人员滞留空中。后经检查发现原因是：绝缘臂转动位置达到设计极限，安全机构将车辆的工作臂锁死，需解锁后方可继续操作。

【测试题】

1. 填空题

（1）高架绝缘斗臂车的工作位置应选择适当，支撑应（　　　），并有防（　　　）措施。

答案：稳固可靠；倾覆

（2）高架绝缘斗臂车使用前应在预定位置（　　）试操作一次，确认液压传动、回转、升降、伸缩系统工作正常、操作灵活，（　　）装置可靠。

答案：空斗；制动

13.7.3 绝缘斗中的作业人员应正确使用**安全带**和**绝缘工具**。

【测试题】

1. 多选题

（1）绝缘斗中的作业人员应正确使用（　　）。

A. 安全带；B. 绝缘工具；C. 液压装置；D. 白棕绳

答案：AB

13.7.4 高架绝缘斗臂车操作人员应服从**工作负责人**的指挥，作业时应注意**周围环境**及**操作速度**。在工作过程中，高架绝缘斗臂车的发动机**不准熄火**。接近和离开带电部位时，应由**斗臂中**人员操作，但下部操作人员**不准离开**操作台。

【测试题】

1. 单选题

（1）高架绝缘斗臂车操作人员应服从（　　）的指挥，作业时应注意周围环境及操作速度。

A. 专责监护人；B. 工作负责人；C. 工作许可人。

答案：B

（2）在工作过程中，高架绝缘斗臂车的发动机不准熄火。接近和离开带电部位时，应由（　　）操作，但下部操作人员不准离开操作台。

A. 专责司机；B. 斗臂中人员；C. 下部操作人员。

答案：B

2. 多选题

（1）高架绝缘斗臂车操作人员应服从工作负责人的指挥，作业时应注意（　　）及（　　）。

A. 周围环境；B. 液压油量；C. 支腿情况；D. 操作速度。

答案：AD

3. 填空题

（1）高架绝缘斗臂车在工作过程中，高架绝缘斗臂车的发动机不准（   ）。接近和离开带电部位时，应由斗臂中人员操作，但下部操作人员不准离开（   ）。

答案：熄火；操作台

13.7.5 绝缘臂的**有效绝缘长度**应大于 <u>表 12</u> 的规定，且应在下端装设<u>泄漏电流监视装置</u>。

表 12　绝缘臂的最小有效绝缘长度

电压等级 kV	10	35	66	110	220	330
长度 m	1.0	1.5	1.5	2.0	3.0	3.8

【测试题】

1. 填空题

（1）10kV 绝缘斗臂车绝缘臂的有效绝缘长度应大于（   ）m，且应在下端装设（   ）监视装置。

答案：1；泄漏电流

13.7.6 绝缘臂下节的金属部分，在仰起回转过程中，对带电体的距离应按<u>表 5</u> 的规定值增加 **0.5m**。工作中车体应良好**接地**。

【测试题】

1. 单选题

（1）绝缘斗臂车绝缘臂下节的金属部分，在仰起回转过程中，对带电体的距离应按"带电作业时人身与带电体的安全距离"值增加（   ）。

A. 0.4m；B. 1m；C. 0.7m；D. 0.5m。

答案：D

2. 判断题

（1）绝缘斗臂车绝缘臂下节的金属部分，在仰起回转过程中，对带电体的距离应按"带电作业时人身与带电体的安全距离"值增加 0.5m。工作中车体应良好接地。

答案：正确

13.8 保护间隙。

13.8.1 保护间隙的接地线应用**多股软铜线**。其截面应满足**接地短路容量**的要求，但**不准小于 25mm²**。

【测试题】

1. 单选题

（1）保护间隙的接地线应用多股软铜线。其截面应满足接地短路容量的要求，但不准小于（　　）。

A. 35mm²; B. 16mm²; C. 25mm²。

答案：C

2. 填空题

（1）保护间隙的接地线应用（　　）。其截面应满足接地（　　）容量的要求，但不准小于 25mm²。

答案：多股软铜线；短路

13.8.2 保护间隙的距离应按**表 13** 的规定进行整定。

表 13　保护间隙整定值

电压等级 kV	220	330	500	750	1000
间隙距离 m	0.7~0.8	1.0~1.1	1.3	2.3	3.6
注：330kV 及以下保护间隙提供的数据是圆弧形，500kV 及以上保护间隙提供的数据是球形。					

【测试题】

1. 判断题

（1）在 330kV 线路上进行带电作业使用保护间隙时，间隙整定值为 1.0m~1.1m。

答案：正确

13.8.3 使用保护间隙时，应遵守<u>下列规定</u>：

a）悬挂保护间隙前，应与调控人员联系停用重合闸或直流线路再启动功能。

b）悬挂保护间隙应先将其与接地网可靠接地，再将保护间隙挂在导线上，并使其接触良好。拆除的程序与其相反。

c）保护间隙应挂在相邻杆塔的导线上，悬挂后，应派专人看守，在有人、畜通过的地区，还应增设围栏。

d）装、拆保护间隙的人员应穿全套屏蔽服。

【测试题】

1. 问答题

（1）带电作业使用保护间隙时，装拆保护间隙应遵守哪些规定？

答案：1）悬挂保护间隙前，应与调控人员联系停用重合闸或直流线路再启动功能。

2）悬挂保护间隙应先将其与接地网可靠接地，再将保护间隙挂在导线上，并使其接触良好。拆除的程序与其相反。

3）保护间隙应挂在相邻杆塔的导线上，悬挂后，应派专人看守，在有人、畜通过的地区，还应增设围栏。

4）装、拆保护间隙的人员应穿全套屏蔽服。

13.9 带电检测绝缘子。

使用火花间隙检测器检测绝缘子前，应遵守<u>下列规定</u>：

a）检测前，应对检测器进行检测，保证操作灵活，测量准确。

b）针式绝缘子及少于 3 片的悬式绝缘子不准使用火花间隙检测器进行检测。

c）检测 35kV 及以上电压等级的绝缘子串时，当发现同一串中的零值绝缘子片数达到表 14 的规定时，应立即停止检测。

表 14　一串中允许零值绝缘子片数

电压等级 kV	35	66	110	220	330	500	750	1000	±500	±660	±800
绝缘子串片数	3	5	7	13	19	28	29	54	37	50	58
零值片数	1	2	3	5	4	6	5	18	16	26	27
注：如绝缘子串的片数超过表中规定时，零值绝缘子允许片数可相应增加。											

d）直流线路不采用带电检测绝缘子的检测方法。

e）应在干燥天气进行。

【测试题】

1. 单选题

（1）针式绝缘子及少于（　　　）的悬式绝缘子不准使用火花间隙检测器进行带电检测。

A. 3 片；B. 5 片；C. 7 片。

答案：A

（2）带电检测 35kV 绝缘子串（3 片成串）时，当发现同一串中的零值绝缘子片数达到（　　　）时，应立即停止检测。

A. 1 片；B. 2 片；C. 3 片。

答案：A

（3）带电检测 110kV 绝缘子串（7 片成串）时，当发现同一串中的零值绝缘子片数达到（　　　）时，应立即停止检测。

A. 4 片；B. 2 片；C. 3 片。

答案：C

（4）带电检测 330kV 绝缘子串（19 片成串）时，当发现同一串中的零值绝缘子片数达到（　　　）时，应立即停止检测。

A. 5 片；B. 4 片；C. 3 片。

答案：B

2. 填空题

（1）（　　　）及少于 3 片的悬式绝缘子不准使用（　　　）进行

带电检测。

答案：针式绝缘子；火花间隙检测器

（2）使用火花间隙检测器检测绝缘子时，检测前，应对检测器进行（　　　），保证操作灵活，测量（　　　）。

答案：检测；准确

（3）使用火花间隙检测器带电检测绝缘子串时，当发现同一串中的（　　　）绝缘子片数达到"一串中允许零值绝缘子片数"规定时，应立即（　　　）。

答案：零值；停止检测

3. 判断题

（1）直流线路可以采用带电检测绝缘子的检测方法。

答案：错误

（2）使用火花间隙检测器检测绝缘子，应在干燥天气进行。

答案：正确

4. 问答题

（1）使用火花间隙检测器检测绝缘子时，应遵守哪些规定？

答案：1）检测前，应对检测器进行检测，保证操作灵活，测量准确。

2）针式绝缘子及少于 3 片的悬式绝缘子不准使用火花间隙检测器进行检测。

3）检测 35kV 及以上电压等级的绝缘子串时，当发现同一串中的零值绝缘子片数达到"一串中允许零值绝缘子片数"中规定时，应立即停止检测。

4）直流线路不采用带电检测绝缘子的检测方法。

5）应在干燥天气进行。

13.10　配电带电作业。

13.10.1　进行直接接触 20kV 及以下电压等级带电设备的作业时，应穿着合格的**绝缘防护用具（绝缘服或绝缘披肩、绝缘手套、绝**

缘鞋)；使用的安全带、安全帽应有良好的**绝缘性能**，必要时戴**护目镜**。使用前应对绝缘防护用具进行**外观检查**。作业过程中禁止摘下**绝缘防护用具**。

【事故警示】

2010 年 10 月 14 日，某供电公司带电班采用中间电位作业法处理 10kV 平疃路 34 支 10 号杆设备缺陷，带电作业过程中作业人员擅自摘掉绝缘手套，两手分别接触带电体（放电线夹带电部分）和接地体（中相立铁），形成放电回路，导致人身触电死亡。

【测试题】

1. 单选题

（1）进行直接接触 20kV 及以下电压等级带电设备的作业时，穿戴绝缘防护用具前应进行（   ）。作业过程中禁止摘下绝缘防护用具。

A. 外观检查； B. 预防性试验； C. 现场试验。

答案：A

2. 填空题

（1）进行直接接触 20kV 及以下电压等级带电设备的作业时，应穿着合格的绝缘防护用具：绝缘服或（   ）、绝缘手套、绝缘鞋。使用的安全带、安全帽应有良好的（   ），必要时戴护目镜。

答案：绝缘披肩；绝缘性能

3. 判断题

（1）进行直接接触 20kV 及以下电压等级带电设备的作业时，应穿着合格的绝缘防护用具（绝缘服或绝缘披肩、绝缘手套、绝缘鞋)，使用的安全带、安全帽应有良好的绝缘性能，必要时戴护目镜。

答案：正确

（2）进行直接接触 20kV 及以下电压等级带电设备的作业，穿戴绝缘防护用具前应进行外观检查。作业过程中禁止摘下绝缘防护用具。

答案：正确

13.10.2 作业时，作业区域带电导线、绝缘子等应采取<u>相间、相对地的绝缘隔离措施</u>。绝缘隔离措施的范围应比<u>作业人员活动范围增加 0.4m 以上</u>。实施绝缘隔离措施时，应按<u>先近后远、先下后上</u>的顺序进行，拆除时顺序<u>相反</u>。装、拆绝缘隔离措施时应<u>逐相</u>进行。

<u>禁止</u><u>同时拆除带电导线和地电位的绝缘隔离措施</u>；禁止<u>同时接触两个非连通的带电导体或带电导体与接地导体</u>。

【事故警示】

1971 年 3 月 16 日，某供电局供用电处带电班宋某某在 6kV 雁王支线带电更换某号杆中相绝缘子时，由于杆顶未采取绝缘隔措施，扎线触及电杆，造成瞬间接地。

【测试题】

1. 单选题

（1）进行直接接触配电设备的带电作业，绝缘隔离措施的范围应比作业人员活动范围增加（　　）以上。

A. 0.4m；B. 0.3m；C. 0.2m。

答案：A

（2）进行直接接触配电设备的带电作业，实施绝缘隔离措施时，应按（　　）顺序进行，拆除时顺序相反。装、拆绝缘隔离措施时应逐相进行。

A. 先远后近、先下后上；B. 先近后远、先上后下；C. 先近后远、先下后上；D. 先远后近、先上后下。

答案：C

2. 填空题

（1）进行直接接触配电设备的带电作业时，作业区域带电导线、绝缘子等应采取相间、相对地的（　　）措施。绝缘隔离措施的范围应比（　　）增加 0.4m 以上。

答案：绝缘隔离；作业人员活动范围

（2）进行直接接触配电设备的带电作业，实施绝缘隔离措时，应按先近后远、先下后上的顺序进行，拆除时顺序（　　）。装、拆绝缘隔离措施时应（　　）进行。

答案：相反；逐相

（3）进行直接接触配电设备的带电作业时，禁止（　　）拆除带电导线和地电位的绝缘隔离措施；禁止同时接触两个（　　）的带电导体或带电导体与接地导体。

答案：同时；非连通

13.10.3　作业人员进行<u>换相工作</u>转移前，应得到<u>工作监护人</u>的同意。

【测试题】

1. 单选题

（1）进行直接接触配电设备的带电作业，作业人员进行换相工作转移前，应得到（　　）的同意。

A. 工作负责人；B. 工作票签发人；C. 工作监护人。

答案：C

13.11　带电作业工具的保管、使用和试验。

13.11.1　带电作业工具的保管。

13.11.1.1　带电作业工具应存放于<u>通风良好，清洁干燥</u>的<u>专用工具房</u>内。工具房门窗应<u>密闭严实</u>，地面、墙面及顶面应采用<u>不起尘、阻燃材料</u>制作。室内的相对湿度应保持在 <u>50%～70%</u>。室内温度应<u>略高于室外</u>，且不宜低于 <u>0℃</u>。

【测试题】

1. 填空题

（1）带电作业工具房室内的相对湿度应保持在 50%～（　　）。室内温度应略高于室外，且不宜低于（　　）℃。

答案：70%；0

（2）带电作业工具应存放于（　　），清洁干燥的（　　）工具房内。

答案：通风良好；专用

2. 判断题

（1）带电作业工具房门窗应密闭严实，地面、墙面及顶面应采用不起尘、阻燃材料制作。

答案：正确

（2）带电作业工具间，室内的相对湿度应保持在70%～90%。

答案：错误

（3）带电作业工具间，室内温度应略高于室外，且不宜低于0℃。

答案：正确

13.11.1.2 带电作业工具房进行室内通风时，应在<u>干燥</u>的天气进行，并且室外的相对湿度不准高于<u>**75%**</u>。通风结束后，应立即检查<u>室内的相对湿度</u>，并加以调控。

【测试题】

1. 单选题

（1）带电作业工具房进行室内通风时，应在干燥的天气进行，并且室外的相对湿度不准高于（　　）。

A. 75%；　B. 85%；　C. 95%。

答案：A

2. 填空题

（1）带电作业工具房进行室内通风时，应在（　　）的天气进行，并且（　　）相对湿度不准高于75%。

答案：干燥；室外的

3. 判断题

（1）带电作业工具房通风结束后，应立即检查室内的相对湿度，并加以调控。

答案：正确

13.11.1.3 带电作业工具房应配备<u>湿度计，温度计，抽湿机（数量以满足要求为准），辐射均匀的加热器，足够的工具摆放架、吊架和灭火器</u>等。

【测试题】

1. 填空题

（1）带电作业工具房应配备（　　　），温度计，抽湿机（数量以满足要求为准），辐射均匀的（　　　），足够的工具摆放架、吊架和灭火器等。

答案：湿度计；加热器

13.11.1.4 带电作业工具应<u>统一编号、专人保管、登记造册</u>，并建立<u>试验、检修、使用记录</u>。

【测试题】

1. 填空题

（1）带电作业工具应统一编号、专人保管、登记造册，并建立（　　　）、检修（　　　）记录。

答案：试验；使用

（2）带电作业工具应（　　　）、（　　　）、登记造册，并建立试验、检修、使用记录。

答案：统一编号；专人保管

13.11.1.5 有缺陷的带电作业工具应<u>及时修复</u>，不合格的应予<u>报废</u>，禁止<u>继续使用</u>。

【测试题】

1. 填空题

（1）有缺陷的带电作业工具应（　　　），不合格的应予（　　　），禁止继续使用。

答案：及时修复；报废

13.11.1.6 高架绝缘斗臂车应存放在<u>干燥通风</u>的车库内，其绝缘部分应有<u>防潮</u>措施。

【测试题】

1. 填空题

（1）高架绝缘斗臂车应存放在（　　　）的车库内，其绝缘部分应有（　　　）措施。

答案：干燥通风；防潮

2. 判断题

（1）高架绝缘斗臂车应存放在干燥通风的车库内，其绝缘部分应有保护措施。

答案：错误

13.11.2 带电作业工具的使用。

13.11.2.1 带电作业工具应**绝缘良好**、**连接牢固**、**转动灵活**，并按**厂家使用说明书**、**现场操作规程**正确使用。

【测试题】

1. 填空题

（1）带电作业工具应（　　）、连接牢固、转动灵活，并按厂家使用说明书、（　　）正确使用。

答案：绝缘良好；现场操作规程

2. 判断题

（1）带电作业工具应绝缘良好、连接牢固、转动灵活，并按厂家使用说明书、现场操作规程正确使用。

答案：正确

13.11.2.2 带电作业工具使用前应根据**工作负荷**校核机械强度，并满足规定的**安全系数**。

【事故警示】

1988年7月20日，某供电局带电班对某35kV线路带电处理导线断股，因所用的2.6m长绝缘硬梯不满足规定的安全系数，使用过程中绝缘梯上端0.5m处折断，等电位作业人员随断梯摔落地面，造成骨折。

【测试题】

1. 填空题

（1）带电作业工具使用前应根据（　　）校核机械强度，并满足规定的（　　）。

答案：工作负荷；安全系数

13.11.2.3 带电作业工具在运输过程中，带电绝缘工具应装在<u>专用工具袋</u>、<u>工具箱</u>或<u>专用工具车</u>内，以防<u>受潮</u>和<u>损伤</u>。发现绝缘工具<u>受潮</u>或<u>表面损伤</u>、<u>脏污</u>时，应<u>及时处理</u>并经<u>试验或检测合格</u>后方可使用。

【测试题】

1. 填空题

（1）带电作业工具在运输过程中，带电绝缘工具应装在（　　　）、工具箱或专用工具车内，以防（　　　）和损伤。

答案：专用工具袋；受潮

（2）带电作业工具在运输过程中，发现绝缘工具（　　　）或表面损伤、脏污时，应及时处理并经（　　　）合格后方可使用。

答案：受潮；试验或检测

13.11.2.4 进入作业现场应将使用的带电作业工具放置在<u>防潮的帆布</u>或<u>绝缘垫</u>上，防止绝缘工具在使用中<u>脏污和受潮</u>。

【测试题】

1. 填空题

（1）进入作业现场应将使用的带电作业工具放置在（　　　）或（　　　）上，防止绝缘工具在使用中脏污和受潮。

答案：防潮的帆布；绝缘垫

2. 判断题

（1）进入作业现场应将使用的带电作业工具放置在干燥、清洁的地面上，防止绝缘工具在使用中脏污和受潮。

答案：错误

13.11.2.5 带电作业工具使用前，仔细检查确认<u>没有损坏、受潮、变形、失灵</u>，否则禁止使用。并使用 **2500V 及以上绝缘电阻表或绝缘检测仪**进行**分段绝缘检测**（电极宽 2cm，极间宽 2cm），阻值应不低于 **700MΩ**。操作绝缘工具时应戴<u>清洁、干燥的手套</u>。

【事故警示】

1970年6月，某供电局输电工区带电班，在110kV昌呼线用绝缘杆间接进行带电绝缘子清扫，作业前未对绝缘杆进行检测，当工人阿某某清扫167号杆绝缘子时，操作杆闪络放电，造成大面积烧伤，抢救无效死亡。事后检查绝缘杆内很不干净，有金属铁屑及杂物。

【测试题】

1. 单选题

（1）带电作业工具使用前，仔细检查确认没有损坏、受潮、变形、失灵，否则禁止使用。并使用2500V及以上绝缘电阻表或绝缘检测仪进行分段绝缘检测（电极宽2cm，极间宽2cm），阻值应不低于（　　　）。

A. 500MΩ；B. 600MΩ；C. 700MΩ。

答案：C

2. 多选题

（1）关于带电作业工具使用前应注意的事项，下列叙述正确的是（　　　）。

A. 带电作业工具使用前，仔细检查确认没有损坏、受潮、变形、失灵，否则禁止使用。

B. 使用500V及以上绝缘电阻表或绝缘检测仪进行整段绝缘检测（电极宽2cm，极间宽2cm），阻值应不低于700MΩ。

C. 操作绝缘工具时应戴清洁、干燥的手套。

答案：AC

3. 填空题

（1）带电作业工具使用前，仔细检查确认没有损坏、（　　　）、（　　　）、失灵，否则禁止使用。

答案：受潮；变形

4. 判断题

（1）带电作业工具使用前，仔细检查确认没有损坏、受潮、变形、失灵，否则禁止使用。

答案：正确

13.11.3 带电作业工具的试验。

13.11.3.1 带电作业工具应定期进行**电气试验**及**机械试验**，其**试验周期**为：

电气试验：预防性试验每年一次，检查性试验每年一次，两次试验间隔半年。

机械试验：绝缘工具每年一次，金属工具两年一次。

【测试题】

1. 填空题

（1）带电作业工具应定期进行（　　　）试验及（　　　）试验。

答案：电气；机械

（2）带电作业工具应定期进行机械试验，周期为：绝缘工具（　　　）一次，金属工具（　　　）一次。

答案：每年；两年

2. 判断题

（1）带电作业工具应定期进行电气试验，其试验周期为：预防性试验每年一次，检查性试验每年一次，两次试验间隔一年。

答案：错误

3. 问答题

（1）对带电作业工具电气试验及机械试验的周期有何规定？

答案：电气试验：预防性试验每年一次，检查性试验每年一次，两次试验间隔半年。机械试验：绝缘工具每年一次，金属工具两年一次。

13.11.3.2 绝缘工具电气预防性试验项目及标准见**表 15**。

操作冲击耐压试验宜采用 250/2500μs 的标准波，以**无一次击穿、闪络**为合格。

工频耐压试验以**无击穿、无闪络及过热**为合格。

表 15　绝缘工具的试验项目及标准

额定电压 kV	试验长度 m	1min 工频耐压 kV		3min 工频耐压 kV		15 次操作冲击耐压 kV	
		出厂及型式试验	预防性试验	出厂及型式试验	预防性试验	出厂及型式试验	预防性试验
10	0.4	100	45	—	—	—	—
35	0.6	150	95	—	—	—	—
66	0.7	175	175	—	—	—	—
110	1.0	250	220	—	—	—	—
220	1.8	450	440	—	—	—	—
330	2.8	—	—	420	380	900	800
500	3.7	—	—	640	580	1175	1050
750	4.7	—	—		780		1300
1000	6.3	—	—	1270	1150	1865	1695
±500	3.2	—	—		565	—	970
±660	4.8	—	—	820	745	1480	1345
±800	6.6	—	—	985	895	1685	1530

注：±500kV、±660kV、±800kV 预防性试验采用 3min 直流耐压。

　　高压电极应使用直径不小于 **30mm 的金属管**，被试品应**垂直悬挂**，接地极的对地距离为 **1.0m～1.2m**。接地极及接高压的电极（无金具时）处，以 **50mm 宽金属铂缠绕**。试品间距不小于 **500mm**，单导线两侧均压球直径不小于 **200mm**，均压球距试品不小于 **1.5m**。

　　试品应**整根**进行试验，不准**分段**。

【测试题】

1. 判断题

（1）带电作业绝缘工具电气预防性试验的试品应整根进行试

验，不准分段。

答案：正确

（2）带电作业绝缘工具工频耐压试验以无击穿、无闪络为合格。

答案：错误

（3）带电作业绝缘工具操作冲击耐压试验以无一次击穿、闪络为合格。

答案：正确

13.11.3.3 绝缘工具的检查性试验条件是：<u>将绝缘工具分成若干段进行工频耐压试验，每 300mm 耐压 75kV，时间为 1min，以无击穿、闪络及过热为合格。</u>

【测试题】

1．判断题

（1）绝缘工具的检查性试验条件是：将绝缘工具分成若干段进行工频耐压试验，每 300mm 耐压 75kV，时间为 1min，以无击穿、闪络及过热为合格。

答案：正确

13.11.3.4 带电作业高架绝缘斗臂车电气试验标准见<u>附录 K</u>。

13.11.3.5 整套屏蔽服装<u>各最远端点</u>之间的电阻值均不得大于<u>20Ω</u>。

【测试题】

1．判断题

（1）整套屏蔽服装各最远端点之间的电阻值均不得大于 30Ω。

答案：错误

13.11.3.6 带电作业工具的<u>机械预防性试验标准</u>：

静荷重试验：1.2 倍额定工作负荷下持续 1min，工具无变形及损伤者为合格。

动荷重试验：1.0 倍额定工作负荷下操作 3 次，工具灵活、轻便、无卡住现象为合格。

【测试题】

1. 填空题

（1）带电作业工具的机械预防性试验标准：静荷重试验为（   ）倍额定工作负荷下持续（   ）min，工具无变形及损伤者为合格。

答案：1.2；1

（2）带电作业工具的机械预防性试验标准：动荷重试验为（   ）倍额定工作负荷下操作（   ）次，工具灵活、轻便、无卡住现象为合格。

答案：1.0；3

14 施工机具和安全工器具的使用、保管、检查和试验

本章要点

本章对线路检修施工作业使用的吊车、绞磨、抱杆等 14 类施工机具，电气绝缘和一般防护类安全工器具，规定了使用、保管、检查和试验的要求。

14.1 一般规定。

14.1.1 施工机具和安全工器具应<u>统一编号，专人保管</u>。入库、出库、使用前应进行检查。禁止使用<u>损坏、变形、有故障等不合格</u>的施工机具和安全工器具，机具的各种监测仪表以及制动器、限位器、安全阀、闭锁机构等安全装置应<u>齐全、完好</u>。

【测试题】

1. 填空题

（1）禁止使用损坏、（　　　）、（　　　）等不合格的施工机具和安全工器具。

答案：变形；有故障

（2）机具的各种监测仪表以及制动器、限位器、安全阀、闭锁机构等安全装置应（　　　）、（　　　）。

答案：齐全；完好

2. 判断题

（1）施工机具和安全工器具应统一编号，专人保管。

答案：正确

（2）施工机具和安全工器具入库、出库、使用前应进行检查。

答案：正确

14.1.2 自制或改装和主要部件更换或检修后的机具，应按 **DL/T 875** 的规定进行试验，经鉴定合格后方可使用。

【测试题】

1. 填空题

（1）自制或（   ）和主要部件（   ）或检修后的机具，应按规定进行试验，经鉴定合格后方可使用。

答案：改装；更换

（2）（   ）或改装和（   ）更换或检修后的机具，应按 DL/T 875 的规定进行试验，经鉴定合格后方可使用。

答案：自制；主要部件

14.1.3 机具应由了解其性能并熟悉使用知识的人员操作和使用。机具应按出厂说明书和铭牌的规定使用，不准超负荷使用。

【测试题】

1. 多选题

（1）施工机具应由（   ）的人员操作和使用。

A. 了解其性能；B. 熟悉使用知识；C. 有资格认证。

答案：AB

2. 填空题

（1）施工机具应按出厂说明书和（   ）的规定使用，不准（   ）使用。

答案：铭牌；超负荷

14.1.4 起重机械的操作和维护应遵守 **GB 6067** 的规定。

【测试题】

1. 填空题

（1）起重机械的（   ）和（   ）应遵守 GB 6067 的规定。

答案：操作；维护

14.2 施工机具的使用要求。

14.2.1 各类绞磨和卷扬机。

14.2.1.1 绞磨应<u>放置平稳</u>，<u>锚固可靠</u>，受力<u>前方</u>不准有人。锚固绳应有<u>防滑动</u>措施。在必要时宜搭设<u>防护工作棚</u>，操作位置应有<u>良好的视野</u>。

【测试题】

1. 填空题

（1）绞磨应放置（　　），锚固可靠，受力（　　）方不准有人。

答案：平稳；前

（2）绞磨的锚固绳应有（　　）措施。

答案：防滑动

（3）使用绞磨在必要时宜搭设（　　），操作位置应有良好的（　　）。

答案：防护工作棚；视野

14.2.1.2 牵引绳应从卷筒<u>下方</u>卷入，排列整齐，并与卷筒<u>垂直</u>，在卷筒上不准少于<u>5圈</u>（卷扬机：不准少于<u>3圈</u>）。<u>钢绞线</u>不准进入卷筒。导向滑车应对正卷筒<u>中心</u>。滑车与卷筒的距离：光面卷筒不应小于卷筒长度的<u>20倍</u>，有槽卷筒不应小于卷筒长度的<u>15倍</u>。

【测试题】

1. 单选题

（1）牵引绳在绞磨卷筒上不准少于（　　）圈，卷扬机上不准少于（　　）圈。

A. 5；4。B. 4；3。C. 5；3。

答案：C

（2）单向滑车与绞磨（卷扬机）卷筒的距离：光面卷筒不应小于卷筒长度的（　　）倍，有槽卷筒不应小于卷筒长度的（　　）倍。

A. 20；15。B. 15；10。C. 15；20。

答案：A

2. 填空题

（1）牵引绳应从绞磨（卷扬机）卷筒（　　）卷入，排列整齐，并与卷筒（　　）。

答案：下方；垂直

3. 判断题

（1）钢绞线不准进入卷筒，导向滑车应对正卷筒中心。

答案：正确

14.2.1.3 作业前应进行<u>检查</u>和<u>试车</u>，确认卷扬机<u>设置稳固</u>，<u>防护设施、电气绝缘、离合器、制动装置、保险棘轮、导向滑轮、索具</u>等合格后方可使用。

【事故警示】

2005 年 1 月 17 日，某电建公司在江苏电厂 2×60 万 kW 机组烟囱拆除箍圈施工中，卷扬机刹车失灵，致升降机内 8 人坠落地面，6 人死亡 2 人重伤。

【测试题】

1. 填空题

（1）使用卷扬机作业前应进行检查和（　　），确认卷扬机设置（　　），防护设施、电气绝缘、离合器、制动装置、保险棘轮、导向滑轮、索具等合格后方可使用。

答案：试车；稳固

2. 判断题

（1）使用卷扬机作业前应进行检查和试车，确认其设置稳固后即可使用。

答案：错误

14.2.1.4 人力绞磨架上固定磨轴的活动挡板应装在<u>不受力</u>的一侧，<u>禁止反装</u>。人力推磨时，推磨人员应<u>同时</u>用力。绞磨受力时人员不准<u>离开</u>磨杠，防止飞磨伤人。作业完毕应取出磨杠。拉磨尾绳不应少于 <u>2 人</u>，应站在锚桩<u>后面</u>，且<u>不准在绳圈内</u>。绞磨受力时，不准用<u>松尾绳</u>的方法卸荷。

【事故警示】

1987 年 7 月 2 日，湖北某 35kV 线路换线工作中，一名区电管员带领 6 名民工，使用人力绞磨进行收放线工作。在最后一道收线后的回放过程中，由于民工擅自离开绞磨，造成绞磨飞速旋转，绞磨杠飞出，击中 2.5m 外一民工，抢救无效死亡。

【测试题】

1. 单选题

（1）使用绞磨时，拉磨尾绳不应少于（　　　　）人。

A. 2；B. 3；C. 4。

答案：A

2. 填空题

（1）人力绞磨架上固定磨轴的活动挡板应装在（　　　　）的一侧，禁止（　　　　）。

答案：不受力；反装

（2）人力推磨时，推磨人员应（　　　　）用力。绞磨受力时人员不准（　　　　）磨杠，防止飞磨伤人。

答案：同时；离开

3. 判断题

（1）绞磨受力时，可以用松尾绳的方法卸荷。

答案：错误

（2）使用绞磨时，拉磨尾绳不应少于 2 人，应站在锚桩后面，且不准在绳圈内。

答案：正确

14.2.1.5　作业时禁止向滑轮上套**钢丝绳**，禁止在卷筒、滑轮附近**用手扶**运行中的钢丝绳，不准**跨越**行走中的钢丝绳，不准在各**导向滑轮的内侧**逗留或通过。吊起的重物必须在空中短时间停留时，应用**棘爪锁住**。

【测试题】

1. 单选题

（1）使用绞磨（卷扬机）作业时，不准在各导向滑轮的（　　　　）

逗留或通过。

A. 内侧；B. 外侧；C. 上方。

答案：A

2. 填空题

（1）使用绞磨（卷扬机）吊起的重物必须在空中（　　）停留时，应用（　　）锁住。

答案：短时间；棘爪

3. 判断题

（1）使用绞磨（卷扬机）作业时，禁止向滑轮上套钢丝绳。

答案：正确

（2）使用绞磨（卷扬机）作业时，禁止在卷筒、滑轮附近用手扶运行中的钢丝绳，不准跨越行走中的钢丝绳。

答案：正确

14.2.1.6 拖拉机绞磨<u>两轮胎</u>应在<u>同一水平面上</u>，<u>前后支架</u>应受力平衡。绞磨卷筒应与牵引绳的<u>最近转向点</u>保持 **5m** 以上的距离。

【测试题】

1. 单选题

（1）拖拉机绞磨卷筒应与牵引绳的最近转向点保持（　　）以上的距离。

A. 1m；B. 3m；C. 5m。

答案：C

2. 填空题

（1）拖拉机绞磨（　　）应在同一水平面上，前后（　　）应受力平衡。

答案：两轮胎；支架

（2）拖拉机绞磨卷筒应与牵引绳的（　　）保持 5m 以上的距离。

答案：最近转向点

14.2.2 抱杆。

14.2.2.1 选用抱杆应经过<u>计算</u>或<u>负荷校核</u>。独立抱杆至少应有<u>四根</u>拉绳，人字抱杆至少应有<u>两根</u>拉绳并有<u>限制腿部开度的控制绳</u>，所有拉绳均应固定在<u>牢固的地锚</u>上，必要时经<u>校验合格</u>。

【测试题】

1. 单选题

（1）独立抱杆至少应有（　　　）根拉绳，人字抱杆至少应有（　　　）根拉绳并有限制腿部开度的控制绳。

A. 4、3；B. 3、2；C. 4、2。

答案：C

2. 填空题

（1）使用抱杆应经过计算或（　　　）校核。

答案：负荷

（2）选用抱杆，所有拉绳均应固定在牢固的（　　　）上，必要时经（　　　）合格。

答案：地锚；校验

14.2.2.2 抱杆的基础应<u>平整坚实</u>、<u>不积水</u>。在土质疏松的地方，抱杆脚应用<u>垫木垫牢</u>。

【测试题】

1. 填空题

（1）抱杆的基础应（　　　）坚实、不（　　　）。

答案：平整；积水

（2）在土质疏松的地方，抱杆脚应用（　　　）。

答案：垫木垫牢

14.2.2.3 抱杆有<u>下列情况之一</u>者禁止使用。

a）圆木抱杆：木质腐朽、损伤严重或弯曲过大。

b）金属抱杆：整体弯曲超过杆长的 1/600。局部弯曲严重、磕瘪变形、表面严重腐蚀、缺少构件或螺栓、裂纹或脱焊。

c）抱杆脱帽环表面有裂纹或螺纹变形。

【测试题】

1. 单选题

（1）整体弯曲超过杆长的（　　）的金属抱杆禁止使用。

A. 1/600；B. 1/800；C. 1/1000。

答案：A

2. 多选题

（1）出现下列哪些情况的金属抱杆禁止使用？（　　）

A. 局部弯曲严重；B. 整体弯曲超过杆长的1/1000；C. 表面严重腐蚀；D. 缺少构件或螺栓、裂纹或脱焊。

答案：ACD

3. 填空题

（1）抱杆脱帽环表面有（　　）或螺纹（　　）者禁止使用。

答案：裂纹；变形

（2）木质腐朽、（　　）严重或（　　）过大的圆木抱杆禁止使用。

答案：损伤；弯曲

（3）局部弯曲严重、磕瘪变形、表面严重（　　）、缺少（　　）或螺栓、裂纹或脱焊的金属抱杆禁止使用。

答案：腐蚀；构件

4. 问答题

（1）哪些情况下的圆木抱杆禁止使用？

答案：1）木质腐朽、损伤严重或弯曲过大。

2）抱杆脱帽环表面有裂纹或螺纹变形。

（2）哪些情况下的金属抱杆禁止使用？

答案：1）整体弯曲超过杆长的1/600。局部弯曲严重、磕瘪变形、表面严重腐蚀、缺少构件或螺栓、裂纹或脱焊。

2）抱杆脱帽环表面有裂纹或螺纹变形。

14.2.2.4　抱杆的金属结构、连接板、抱杆头部和回转部分等，应**每年**对其**变形、腐蚀、铆、焊**或**螺栓连接**进行一次全面检查。**每**

次使用前，也应进行检查。

【测试题】

1. 单选题

（1）抱杆的金属结构、连接板、抱杆头部和回转部分等，应（　　）对其变形、腐蚀、铆、焊或螺栓连接进行一次全面检查。

A. 每半年；B. 每年；C. 每两年。

答案：B

2. 填空题

（1）抱杆的金属结构、连接板、抱杆头部和回转部分等，应每年对其变形、（　　）、铆、焊或（　　）连接进行一次全面检查。

答案：腐蚀；螺栓

3. 判断题

（1）抱杆的金属结构、连接板、抱杆头部和回转部分等，应每年对其变形、腐蚀、铆、焊或螺栓连接进行一次全面检查。每次使用前，可不必进行检查。

答案：错误

14.2.2.5 缆风绳与抱杆顶部及地锚的连接应<u>牢固可靠</u>。缆风绳与地面的夹角一般不大于<u>45°</u>。缆风绳与架空输电线及其他带电体的安全距离应不小于<u>表 19</u> 的规定。

【测试题】

1. 单选题

（1）抱杆的缆风绳与地面夹角一般不大于（　　）。

A. 15°；B. 30°；C. 45°。

答案：C

（2）抱杆的缆风绳与 10kV 架空输电线的最小安全距离为（　　）。

A. 1.5m；B. 3.0m；C. 4.0m。

答案：B

（3）抱杆的缆风绳与 110kV 架空输电线的最小安全距离为（　　）。

A. 4.0m; B. 5.0m; C. 6.0m。

答案：B

（4）抱杆的缆风绳与 330kV 架空输电线的最小安全距离为（　　）。

A. 5.0m; B. 6.0m; C. 7.0m。

答案：C

2. 填空题

（1）抱杆的缆风绳与抱杆顶部及地锚的连接应（　　）。

答案：牢固可靠

14.2.2.6　地锚的分布及埋设深度应根据地锚的**受力情况**及**土质情况**确定。地锚坑在引出线露出地面的位置，其**前面及两侧**的**2m**范围内不准有**沟、洞、地下管道或地下电缆**等。地锚埋设后应进行详细检查，试吊时应指定**专人看守**。

【测试题】

1. 单选题

（1）地锚坑在引出线露出地面的位置,其前面及两侧的(　　)范围内不准有沟、洞、地下管道或地下电缆等。

A. 1m; B. 1.5m; C. 2m。

答案：C

2. 多选题

（1）地锚的分布及埋设深度应根据（　　）确定。

A. 地锚的受力情况; B. 土质情况; C. 线路走径。

答案：AB

3. 填空题

（1）地锚坑在引出线露出地面的位置，其（　　）及（　　）2m 的范围内不准有沟、洞、地下管道或地下电缆等。

答案：前面；两侧

（2）地锚坑在引出线露出地面的位置，其前面及两侧的 2m 范围内不准有沟、洞、（   ）或（   ）等。

答案：地下管道；地下电缆

（3）地锚的（   ）及（   ）应根据地锚的受力情况及土质情况确定。

答案：分布；埋设深度

（4）地锚埋设后应进行详细检查，试吊时应指定（   ）。

答案：专人看守

14.2.3 导线联结网套。

导线穿入联结网套应<u>到位</u>，网套夹持导线的长度不准少于<u>导线直径的 30 倍</u>。网套末端应以铁丝绑扎不少于 **20** 圈。

【测试题】

1．单选题

（1）导线穿入联结网套应到位，网套夹持导线的长度不准少于导线直径的（   ）倍。

A. 15；B. 20；C. 30。

答案：C

（2）导线穿入联结网套应到位，网套末端应以铁丝绑扎不少于（   ）圈。

A. 10；B. 15；C. 20。

答案：C

14.2.4 双钩紧线器。

<u>经常润滑保养</u>。<u>换向爪失灵、螺杆无保险螺丝、表面裂纹或变形</u>等禁止使用。紧线器受力后应至少保留 **1/5 有效丝杆长度**。

【事故警示】

1998 年 11 月 19 日，陕西某供电局送电工区停电对 110kV 渭城线更换合成绝缘子，作业人员杆塔上作业未使用双保险安全带，安全带系在双钩丝杠上，受力后的双钩丝杠未保留 1/5 有效丝杆长度，且无丝扣松脱限位装置，丝杠脱落，造成作业人员高处坠落重伤。

【测试题】

1. 单选题

（1）双钩紧线器受力后应至少保留（　　）有效丝杆长度。

A. 1/5；B. 1/7；C. 1/10。

答案：A

2. 填空题

（1）双钩紧线器应经常（　　）。

答案：润滑保养

（2）双钩紧线器（　　）失灵、螺杆无（　　）、表面裂纹或变形等禁止使用。

答案：换向爪；保险螺丝

（3）双钩紧线器换向爪失灵、螺杆无保险螺丝、表面（　　）或（　　）等禁止使用。

答案：裂纹；变形

3. 问答题

（1）双钩紧线器出现哪些情况应禁止使用？

答案：双钩紧线器出现换向爪失灵、螺杆无保险螺丝、表面裂纹或变形等禁止使用。

14.2.5　卡线器。

规格、材质应与**线材**的规格、材质相匹配。卡线器有**裂纹、弯曲、转轴不灵活**或**钳口斜纹磨平**等缺陷时应予报废。

【测试题】

1. 填空题

（1）卡线器的规格、材质应与（　　）的规格、材质相匹配。

答案：线材

2. 问答题

（1）卡线器出现哪些缺陷应予报废？

答案：卡线器有裂纹、弯曲、转轴不灵活或钳口斜纹磨平等缺陷时应予报废。

14.2.6 放线架。

支撑在**坚实**的地面上，松软地面应采取**加固**措施。放线轴与导线伸展方向应形成**垂直角度**。

【测试题】

1. 填空题

（1）放线架应支撑在（　　　）的地面上，松软地面应采取（　　　）措施。

答案：坚实；加固

（2）放线架的放线轴与导线伸展方向应形成（　　　）。

答案：垂直角度

14.2.7 地锚。

14.2.7.1 **分布**和**埋设深度**应根据其**作用**和现场的**土质**设置。

【测试题】

1. 填空题

（1）地锚的（　　　）和埋设深度应根据其作用和现场的（　　　）设置。

答案：分布；土质

（2）地锚的分布和埋设（　　　）应根据其（　　　）和现场的土质设置。

答案：深度；作用

14.2.7.2 **弯曲**和**变形**严重的钢质地锚禁止使用。

【测试题】

1. 填空题

（1）（　　　）和（　　　）严重的钢质地锚禁止使用。

答案：弯曲；变形

14.2.7.3 木质锚桩应使用**木质较硬**的木料，有**严重损伤、纵向裂纹**和出现**横向裂纹**时禁止使用。

【测试题】

1. 单选题

（1）木质锚桩应使用木质（　　　）的木料。

A. 较软；B. 一般；C. 较硬。

答案：C

2. 填空题

（1）木质锚桩应使用木质较硬的木料，有严重损伤、（　　　）裂纹和出现（　　　）裂纹时禁止使用。

答案：纵向；横向

14.2.8　链条葫芦。

14.2.8.1　使用前应检查<u>吊钩、链条、转动装置及刹车装置</u>是否良好。<u>吊钩、链轮、倒卡</u>等有变形时，以及链条直径磨损量达 **10%** 时，禁止使用。

【测试题】

1. 单选题

（1）链条葫芦链条直径磨损量达（　　　）时，禁止使用。

A. 5%；B. 8%；C. 10%。

答案：C

2. 填空题

（1）链条葫芦使用前应检查吊钩、（　　　）、（　　　）装置及刹车装置是否良好。

答案：链条；转动

（2）链条葫芦的（　　　）、（　　　）、倒卡等有变形时，以及链条直径磨损量达 10%时，禁止使用。

答案：吊钩；链轮

14.2.8.2　两台及两台以上链条葫芦起吊同一重物时，重物的重量<u>应不大于每台链条葫芦的允许起重量</u>。

【测试题】

1. 填空题

（1）两台及两台以上链条葫芦起吊同一重物时，重物的重量应不大于（　　　）链条葫芦的（　　　）。

答案：每台；允许起重量

14.2.8.3 起重链不得**打扭**，亦不得**拆成单股**使用。

【测试题】

1. 填空题

（1）链条葫芦的起重链不得（　　　），亦不得拆成单股使用。

答案：打扭

14.2.8.4 不得**超负荷**使用，起重能力在**5t 以下**的允许**1 人**拉链，起重能力在**5t 以上**的允许**两人**拉链，不得随意**增加人数**猛拉。操作时，人员不准站在链条葫芦的**正下方**。

【测试题】

1. 单选题

（1）链条葫芦起重能力在（　　　）的允许两人拉链，不得随意增加人数猛拉。

A. 5t 以上； B. 4t 以上； C. 3t 以上。

答案：A

2. 填空题

（1）链条葫芦不得（　　　）使用，起重能力在 5t 以下的允许（　　　）拉链，起重能力在 5t 以上的允许两人拉链，不得随意增加人数猛拉。

答案：超负荷；1 人

（2）操作链条葫芦时，人员不准站在链条葫芦的（　　　）。

答案：正下方

14.2.8.5 吊起的重物如需在空中停留较长时间，应将手拉链拴在**起重链**上，并在重物上加设**保险绳**。

【测试题】

1. 填空题

（1）使用链条葫芦吊起的重物如需在空中停留较长时间，应将手拉链拴在（　　　）上，并在重物上加设（　　　）。

答案：起重链；保险绳

14.2.8.6 在使用中如发生卡链情况，应将**重物垫好后**方可进行检修。

【测试题】

1. 填空题

（1）链条葫芦在使用中如发生卡链情况，应将（　　　）后方可进行检修。

答案：重物垫好

14.2.8.7 悬挂链条葫芦的架梁或建筑物，**应经过计算**，否则**不得悬挂**。禁止用链条葫芦**长时间悬吊**重物。

【测试题】

1. 填空题

（1）悬挂链条葫芦的架梁或建筑物，应（　　　），否则（　　　）。

答案：经过计算；不得悬挂

2. 判断题

（1）禁止用链条葫芦长时间悬吊重物。

答案：正确

14.2.9 钢丝绳。

14.2.9.1 钢丝绳应按**出厂技术数据**使用。无技术数据时，应进行**单丝破断力**试验。

【测试题】

1. 填空题

（1）钢丝绳应按出厂（　　　）使用。

答案：技术数据

（2）钢丝绳无技术数据时，应进行（　　　）破断力试验。

答案：单丝

14.2.9.2 钢丝绳应按其**力学性能**选用，并应配备一定的**安全系数**。钢丝绳的安全系数及配合滑轮的直径应不小于**表16**的规定。

表 16　钢丝绳的安全系数及配合滑轮直径

钢丝绳的用途			滑轮直径 D	安全系数 K
缆风绳及拖拉绳			≥12d	3.5
驱动方式		人力	≥16d	4.5
	机械	轻级	≥16d	5
		中级	≥18d	5.5
		重级	≥20d	6
千斤绳		有绕曲	≥2d	6～8
		无绕曲		5～7
地锚绳				5～6
捆绑绳				10
载人升降机			≥40d	14

注：d 为钢丝绳直径。

【测试题】

1. 单选题

（1）缆风绳及拖拉绳的配合滑轮直径应不小于钢丝绳直径的
（　　）倍，安全系数为（　　）。

A. 12；3.5。 B. 16；4.5。 C. 12；4.5。

答案：A

2. 填空题

（1）钢丝绳应按其（　　）性能选用，并应配备一定的（　　）
系数。

答案：力学；安全

（2）缆风绳及拖拉绳的配合滑轮直径应不小于钢丝绳直径的
（　　）倍。

答案：12

（3）地锚钢丝绳的安全系数为（　　），捆绑用钢丝绳的安全系数为（　　）。

答案：5～6；10

14.2.9.3　钢丝绳应**定期浸油**，遇有<u>下列情况之一者</u>应予报废：

a）钢丝绳在一个节距中有表 17 所示的断丝根数者。

表 17　钢丝绳断丝根数

安全系数	钢丝绳结构					
	6×19+1		6×37+1		6×61+1	
	一个节距中的断丝数（根）					
	交互捻	同向捻	交互捻	同向捻	交互捻	同向捻
<6	12	6	22	11	36	18
6～7	14	7	26	13	38	19
>7	16	8	30	15	40	20

注：一个节距是指每股钢丝绳缠绕一周的轴向距离。

b）钢丝绳的钢丝磨损或腐蚀达到钢丝绳实际直径比其公称直径减少 7%或更多者，或钢丝绳受过严重退火或局部电弧烧伤者。

c）绳芯损坏或绳股挤出。

d）笼状畸形、严重扭结或弯折。

e）钢丝绳压扁变形及表面起毛刺严重者。

f）钢丝绳断丝数量不多，但断丝增加很快者。

【测试题】

1. 多选题

（1）钢丝绳出现下列哪些情况之一者应予报废。（　　）

A. 钢丝绳在一个节距中有表 17 所示的断丝根数者。

B. 钢丝绳的钢丝磨损或腐蚀达到钢丝绳实际直径比其公称直径减少 7%或更多者，或钢丝绳受过严重退火或局部电弧烧伤者。

C. 绳芯损坏或绳股挤出。

D. 笼状畸形、严重扭结或弯折。

E. 钢丝绳压扁变形及表面起毛刺严重者。

F. 钢丝绳断丝数量不多，但断丝增加很快者。

答案：ABCDEF

14.2.9.4 钢丝绳端部用绳卡固定连接时，<u>绳卡压板</u>应在钢丝绳<u>主要受力</u>的一边，不准<u>正反交叉</u>设置；<u>绳卡间距</u>不应小于钢丝绳<u>直径的 6 倍</u>；绳卡数量应符合<u>表 18</u> 规定。

表 18　钢丝绳端部固定用绳卡数量

钢丝绳直径 mm	7～18	19～27	28～37	38～45
绳卡数量 个	3	4	5	6

【测试题】

1. 单选题

（1）钢丝绳端部用绳卡固定连接时，绳卡间距不应小于钢丝绳直径的（　　）倍。

A. 4；B. 5；C. 6。

答案：C

（2）直径为 19mm～27mm 的钢丝绳端部用绳卡固定连接时，绳卡数量应为（　　）。

A. 3 个；B. 4 个；C. 5 个。

答案：B

（3）直径为 28mm～37mm 的钢丝绳端部用绳卡固定连接时，绳卡数量应为（　　）。

A. 3 个；B. 4 个；C. 5 个。

答案：C

2. 判断题

（1）钢丝绳端部用绳卡固定连接时，绳卡压板应在钢丝绳非主要受力的一边，不准正反交叉设置。

答案：错误

14.2.9.5 插接的环绳或绳套，其插接长度应不小于**钢丝绳直径的**<u>**15倍**</u>，且不准小于**300mm**。新插接的钢丝绳套应做**125%允许负荷**的抽样试验。

【测试题】

1. 单选题

（1）钢丝绳插接的环绳或绳套，其插接长度应不小于钢丝绳直径的（　　），且不准小于（　　）。

A. 12倍；300mm。B. 15倍；300mm。C. 20倍；400mm。

答案：B

2. 填空题

（1）新插接的钢丝绳套应做（　　）的抽样试验。

答案：125%允许负荷

14.2.9.6 通过滑轮及卷筒的钢丝绳不准有<u>接头</u>。滑轮、卷筒的槽底或细腰部直径与钢丝绳直径之比应遵守<u>下列规定</u>：

起重滑车：机械驱动时不应小于11，人力驱动时不应小于10。

绞磨卷筒：不应小于10。

【测试题】

1. 单选题

（1）绞磨卷筒的槽底或细腰部直径与钢丝绳直径之比不应小于（　　）。

A. 8；B. 9；C. 10。

答案：C

2. 填空题

（1）通过滑轮及卷筒的钢丝绳不准有（　　）。

答案：接头

3. 判断题

（1）滑轮、卷筒的槽底或细腰部直径与钢丝绳直径之比，起重滑车机械驱动时不应小于10，人力驱动时不应小于8。

答案：错误

14.2.10 合成纤维吊装带。

14.2.10.1 合成纤维吊装带应按<u>出厂数据</u>使用，无数据时<u>禁止使用</u>。使用中应避免与<u>尖锐棱角</u>接触，如无法避免应加装<u>必要的护套</u>。

【测试题】

1. 填空题

（1）合成纤维吊装带应按（　　　）使用，无数据时（　　　）使用。

答案：出厂数据；禁止

（2）合成纤维吊装带使用中应避免与（　　　）接触，如无法避免应加装必要的（　　　）。

答案：尖锐棱角；护套

2. 判断题

（1）合成纤维吊装带应按出厂数据使用，无数据时禁止使用。

答案：正确

14.2.10.2 使用环境温度：<u>−40℃～100℃</u>。

【测试题】

1. 单选题

（1）合成纤维吊装带使用环境温度为（　　　）。

A. −30℃～100℃；　B. −40℃～90℃；　C. −40℃～100℃。

答案：C

14.2.10.3 吊装带用于不同承重方式时，应严格按照<u>标签给予的定值</u>使用。

【测试题】

1. 填空题

（1）合成纤维吊装带用于不同承重方式时，应严格按照（　　　）给予的（　　　）使用。

答案: 标签; 定值

14.2.10.4 发现外部护套<u>破损显露出内芯</u>时，应立即<u>停止使用</u>。

【测试题】

1. 填空题

（1）合成纤维吊装带发现外部护套破损显露出（　　　）时，应立即（　　　）。

答案: 内芯; 停止使用

2. 判断题

（1）合成纤维吊装带发现外部护套破损显露出内芯时，应立即停止使用。

答案: 正确

14.2.11 流动式起重机。

14.2.11.1 在带电设备区域内使用汽车吊、斗臂车时，车身应使用<u>不小于 16mm²的软铜线可靠接地</u>。在道路上施工应设<u>围栏</u>，并设置适当的<u>警示标志牌</u>。

【测试题】

1. 单选题

（1）在带电设备区域内使用汽车吊、斗臂车时，车身应使用不小于（　　　）的软铜线可靠接地。

A. 14mm²; B. 16mm²; C. 18mm²。

答案: B

2. 填空题

（1）在带电设备区域内使用汽车吊、斗臂车时，车身应使用不小于16mm²的（　　　）可靠（　　　）。在道路上施工应设围栏，并设置适当的警示标志牌。

答案: 软铜线; 接地

（2）在带电设备区域内使用汽车吊、斗臂车时，车身应使用不小于 16mm²的软铜线可靠接地。在道路上施工应设（　　　），并设置适当的（　　　）。

答案：围栏；警示标志牌

14.2.11.2 起重机停放或行驶时，其车轮、支腿或履带的<u>前端</u>或<u>外侧</u>与沟、坑边缘的距离不准小于<u>沟、坑深度的 1.2 倍</u>；否则应采取<u>防倾、防坍塌</u>措施。

【测试题】

1. 单选题

（1）起重机停放或行驶时，其车轮、支腿或履带的前端或外侧与沟、坑边缘的距离不准小于沟、坑深度的（　　　）倍。

A. 0.8；B. 1.0；C. 1.2。

答案：C

2. 填空题

（1）起重机停放或行驶时，其车轮、支腿或履带的（　　　）或（　　　）与沟、坑边缘的距离不准小于沟、坑深度的1.2倍。

答案：前端；外侧

（2）起重机停放或行驶时，其车轮、支腿或履带的前端或外侧与沟、坑边缘的距离不准小于沟、坑深度的（　　　）倍，否则应采取防倾、防（　　　）措施。

答案：1.2；坍塌

14.2.11.3 作业时，起重机应置于<u>平坦、坚实</u>的地面上，机身倾斜度不准超过<u>制造厂的规定</u>。不准在<u>暗沟、地下管线等上面</u>作业；不能避免时，应采取<u>防护措施</u>，不准超过<u>暗沟、地下管线允许的承载力</u>。

【测试题】

1. 填空题

（1）作业时，起重机应置于平坦、（　　　）的地面上，机身倾斜度不准超过（　　　）的规定。

答案：坚实；制造厂

（2）起重机不准在（　　　）、（　　　）等上面作业；不能避免时，应采取防护措施。

答案：暗沟；地下管线

（3）起重机不准在暗沟、地下管线等上面作业；不能避免时，应采取（　　　），不准超过暗沟、地下管线允许的（　　　）。

答案：防护措施；承载力

14.2.11.4 作业时，起重机臂架、吊具、辅具、钢丝绳及吊物等与架空输电线及其他带电体的最小安全距离不准小于 <u>表 19</u> 的规定，且应设**专人监护**。

表 19　与架空输电线及其他带电体的最小安全距离

电压 kV	<1	1~10	35~66	110	220	330	500
最小安全距离 m	1.5	3.0	4.0	5.0	6.0	7.0	8.5

【测试题】

1. 单选题

（1）使用起重机作业时，臂架、吊具、辅具、钢丝绳及吊物等与 110kV 架空输电线及其他带电体的最小安全距离不准小于（　　　）。且应设专人监护。

A. 3m；B. 4m；C. 5m。

答案：C

（2）使用起重机作业时，臂架、吊具、辅具、钢丝绳及吊物等与 330kV 架空输电线及其他带电体的最小安全距离不准小于（　　　）。且应设专人监护。

A. 5m；B. 6m；C. 7m。

答案：C

（3）使用起重机作业时，臂架、吊具、辅具、钢丝绳及吊物等与 10kV 架空输电线及其他带电体的最小安全距离不准小于（　　　）。且应设专人监护。

A. 1m；B. 1.5m；C. 3m。

答案：C

14.2.11.5 　<u>长期</u>或<u>频繁</u>地靠近架空线路或其他带电体作业时，应采取<u>隔离防护</u>措施。

【测试题】

1. 填空题

（1）起重机长期或（　　　）的靠近架空线路或其他带电体作业时，应采取（　　　）措施。

答案：频繁；隔离防护

14.2.11.6 　汽车起重机行驶时，应将臂杆放在<u>支架</u>上，吊钩挂在<u>挂钩上并将钢丝绳收紧</u>。车上操作室<u>禁止坐人</u>。

【测试题】

1. 填空题

（1）汽车起重机行驶时，应将臂杆放在（　　　）上，吊钩挂在挂钩上并将（　　　）收紧。

答案：支架；钢丝绳

2. 判断题

（1）汽车起重机行驶时，车上操作室禁止坐人。

答案：正确

14.2.11.7 　汽车起重机及轮胎式起重机作业前应先支好<u>全部支腿</u>后方可进行其他操作。作业完毕后，应先将<u>臂杆完全收回，放在支架上</u>，然后<u>方可起腿</u>。汽车式起重机除设计有吊物行走性能者外，均不准<u>吊物行走</u>。

【测试题】

1. 填空题

（1）汽车起重机及轮胎式起重机作业前应先支好（　　　）后，方可进行其他操作。

答案：全部支腿

（2）汽车起重机及轮胎式起重机作业完毕后，应先将臂杆（　　　），放在支架上，然后方可（　　　）。

答案：完全收回；起腿

2. 判断题

（1）汽车式起重机除设计有吊物行走性能者外，均不准吊物行走。

答案：正确

14.2.11.8 汽车吊<u>试验</u>应遵守 GB 5905 的规定，<u>维护与保养</u>应遵守 ZBJ 80001 的规定。

【测试题】

1. 填空题

（1）汽车吊（　　　）应遵守 GB 5905 的规定，（　　　）应遵守 ZBJ 80001 的规定。

答案：试验；维护与保养

14.2.11.9 高空作业车（包括绝缘型高空作业车、车载垂直升降机）应按 GB/T 9465 的规定进行<u>试验、维护与保养</u>。

【测试题】

1. 填空题

（1）高空作业车（包括绝缘型高空作业车、车载垂直升降机）应按 GB/T 9465 的规定进行（　　　）、维护与（　　　）。

答案：试验；保养

14.2.12 纤维绳。

14.2.12.1 麻绳、纤维绳用作吊绳时，其许用应力不准大于 **0.98kN/cm²**。用作绑扎绳时，许用应力应降低 **50%**。有<u>霉烂、腐蚀、损伤</u>者不准用于起重作业，纤维绳出现<u>松股、散股、严重磨损、断股</u>者<u>禁止使用</u>。

【测试题】

1. 填空题

（1）麻绳、纤维绳用作吊绳时，其许用应力不准大于（　　　）kN/cm²。用作绑扎绳时，许用应力应降低（　　　）%。

答案：0.98；50

（2）纤维绳有（　　　）、（　　　）、损伤者不准用于起重作业。

答案：霉烂；腐蚀

（3）纤维绳出现松股、（　　　）、严重磨损、（　　　）者禁止使用。

答案：散股；断股

14.2.12.2　纤维绳在潮湿状态下的允许荷重应<u>减少一半</u>，涂沥青的纤维绳应<u>降低20%</u>使用。一般纤维绳禁止在<u>机械驱动</u>的情况下使用。

【测试题】

1. 单选题

（1）纤维绳在潮湿状态下的允许荷重应减少（　　　）。

A. 一半；B. 三分之一；C. 四分之一。

答案：A

2. 填空题

（1）一般纤维绳禁止在（　　　）驱动的情况下使用。

答案：机械

（2）纤维绳在潮湿状态下的允许荷重应减少（　　　）。涂沥青的纤维绳允许荷重应降低（　　　）%使用。

答案：一半；20

14.2.12.3　切断绳索时，应先将预定切断的两边用<u>软钢丝扎结</u>，以免切断后绳索松散，断头应<u>编结处理</u>。

【测试题】

1. 单选题

（1）切断绳索时，应先将预定切断的两边用（　　　）扎结，以免切断后绳索松散，断头应编结处理。

A. 铅丝；B. 软钢丝；C. 结实的细绳。

答案：B

2. 填空题

（1）切断绳索时，应先将预定切断的两边用（　　　）扎结，以免切断后绳索松散，断头应（　　　）处理。

　　答案：软钢丝；编结

14.2.13　卸扣。

14.2.13.1　卸扣应是**锻造**的，且不准**横向**受力。

　　【测试题】

　　1. 填空题

　　（1）卸扣应是（　　　）的，且不准（　　　）受力。

　　答案：锻造；横向

14.2.13.2　卸扣的销子不准扣在**活动性**较大的索具内。

　　【测试题】

　　1. 填空题

　　（1）卸扣的销子不准扣在（　　　）较大的索具内。

　　答案：活动性

14.2.13.3　不准使卸扣处于吊件的**转角处**。

　　【测试题】

　　1. 多选题

　　（1）关于卸扣说法正确的是（　　　）

　　A. 卸扣应是锻造的，卸扣不准横向受力；

　　B. 卸扣的销子不准扣在活动性较大的索具内；

　　C. 不准使卸扣处于吊件的转角处。

　　答案：ABC

　　2. 填空题

　　（1）不准使卸扣处于吊件的（　　　）处。

　　答案：转角

14.2.14　滑车及滑车组。

14.2.14.1　滑车及滑车组使用前应**进行检查**，发现有**裂纹、轮沿破损**等情况者，不准使用。滑车组使用中，两滑车滑轮中心间的最小距离不准小于**表20**的规定。

表 20　滑车组两滑车滑轮中心最小允许距离

滑车起重量 t	1	5	10～20	32～50
滑轮中心最小允许距离 mm	700	900	1000	1200

【测试题】

1. 单选题

（1）滑车组起重量为 5t 时，两滑车滑轮中心间最小距离为（　　　）。

A. 900mm；　B. 1000mm；　C. 1200mm。

答案：A

2. 填空题

（1）滑车及滑车组使用前应进行（　　　），发现有（　　　）、轮沿破损等情况者，不准使用。

答案：检查；裂纹

14.2.14.2　滑车不准拴挂在<u>不牢固</u>的结构物上。线路作业中使用的滑车应有<u>防止脱钩</u>的保险装置，否则必须采取<u>封口措施</u>。使用开门滑车时，应将<u>开门勾环扣紧</u>，防止绳索自动跑出。

【测试题】

1. 填空题

（1）滑车不准拴挂在（　　　）的结构物上。

答案：不牢固

（2）线路作业中使用的滑车应有防止（　　　）的保险装置，否则必须采取（　　　）措施。

答案：脱钩；封口

（3）使用开门滑车时，应将开门勾环（　　　），防止绳索自动跑出。

答案：扣紧

14.2.14.3　拴挂固定滑车的桩或锚，应按<u>土质不同情况</u>加以计算，使之埋设**牢固可靠**。如使用的滑车可能着地，则应在滑车底下**垫以木板**，以防垃圾窜入滑车。

【测试题】

1. 填空题

（1）拴挂固定滑车的桩或锚，应按土质不同情况加以计算，使之埋设（　　　）。如使用的滑车可能着地，则应在滑车底下（　　　），防止垃圾窜入滑车。

答案：牢固可靠；垫以木板

14.3　施工机具的保管、检查和试验。

14.3.1　施工机具应有**专用库房**存放，库房要经常保持**干燥、通风**。

【测试题】

1. 填空题

（1）施工机具应有（　　　）存放，库房要经常保持干燥、（　　　）。

答案：专用库房；通风

14.3.2　施工机具应定期进行**检查、维护、保养**。施工机具的**转动和传动**部分应保持其**润滑**。

【测试题】

1. 多选题

（1）施工机具应定期进行（　　　）。

A. 检查；B. 维护；C. 更换；D. 保养。

答案：ABD

2. 填空题

（1）施工机具的转动和（　　　）部分应保持其（　　　）。

答案：传动；润滑

14.3.3　对**不合格**或**应报废**的机具应及时清理，不准**与合格的混放**。

【测试题】

1. 填空题

（1）对（　　　）或应报废的机具应及时清理，不准与（　　　）

的混放。

答案：不合格；合格

14.3.4 起重机具的检查、试验要求应满足**附录 N**的规定。

【测试题】

1. 单选题

（1）起重机具的试验周期为（　　　　）。

A. 半年；B. 一年；C. 两年。

答案：B

14.4 安全工器具的保管、使用、检查和试验。

14.4.1 安全工器具的保管。

14.4.1.1 安全工器具宜存放在温度为**-15℃～35℃**、相对湿度为**80%以下**、**干燥通风**的安全工器具室内。

【测试题】

1. 单选题

（1）安全工器具宜存放在温度为（　　　　）、相对湿度为（　　　　）以下、干燥通风的安全工器具室内。

A. -15℃～35℃；80%。B. -25℃～35℃；80%。

C. -15℃～35℃；60%。

答案：A

2. 填空题

（1）安全工器具宜存放在温度为-15℃～35℃、相对湿度为（　　　　）%以下、干燥（　　　　）的安全工器具室内。

答案：80；通风

14.4.1.2 安全工器具室内应配置适用的柜、架，不准存放**不合格**的安全工器具及**其他物品**。

【测试题】

1. 填空题

（1）安全工器具室内应配置适用的柜、架，不准存放（　　　　）

的安全工器具及（　　　）。

答案：不合格；其他物品

14.4.1.3 携带型接地线宜存放在<u>专用架</u>上，架上的号码与接地线的号码应<u>一致</u>。

【测试题】

1. 填空题

（1）携带型接地线宜存放在（　　　）上，架上的号码与接地线的号码应（　　　）。

答案：专用架；一致

14.4.1.4 绝缘隔板和绝缘罩应存放在<u>室内干燥、离地面 200mm以上的架上或专用的柜内</u>。使用前应<u>擦净灰尘</u>。如果表面有轻度擦伤，应涂<u>绝缘漆</u>处理。

【测试题】

1. 填空题

（1）绝缘隔板和绝缘罩应存放在（　　　）、离地面（　　　）mm以上的架上或专用的柜内。

答案：室内干燥；200

（2）绝缘隔板和绝缘罩使用前应（　　　），如果表面有轻度擦伤，应涂（　　　）处理。

答案：擦净灰尘；绝缘漆

14.4.1.5 绝缘工具在储存、运输时不准与<u>酸、碱、油类和化学药品接触</u>，并要防止<u>阳光直射</u>或<u>雨淋</u>。橡胶绝缘用具应放在<u>避光的柜内</u>，并撒上<u>滑石粉</u>。

【测试题】

1. 多选题

（1）绝缘工具在储存、运输时不准与（　　　）接触。

A. 酸；B. 碱；C. 油类；D. 化学药品。

答案：ABCD

2. 填空题

（1）绝缘工具在储存、运输时不准与酸、碱、油类和化学药品（　　　），并要防止阳光直射或（　　　）。

答案：接触；雨淋

（2）橡胶绝缘用具应放在（　　　）的柜内，并撒上（　　　）。

答案：避光；滑石粉

14.4.2　安全工器具的使用和检查。

14.4.2.1　安全工器具使用前的外观检查应包括**绝缘部分有无裂纹、老化、绝缘层脱落、严重伤痕，固定连接部分有无松动、锈蚀、断裂**等现象。对其绝缘部分的外观有疑问时应进行**绝缘试验合格**后方可使用。

【测试题】

1. 填空题

（1）安全工器具使用前的外观检查应包括（　　　）部分有无裂纹、老化、绝缘层脱落、严重伤痕，固定（　　　）部分有无松动、锈蚀、断裂等现象。

答案：绝缘；连接

（2）安全工器具使用前的外观检查应包括绝缘部分有无（　　　）、老化、绝缘层脱落、严重伤痕，固定连接部分有无松动、（　　　）、断裂等现象。

答案：裂纹；锈蚀

（3）对安全工器具绝缘部分的外观有疑问时应进行（　　　）合格后方可使用。

答案：绝缘试验

2. 问答题

（1）安全工器具使用前的外观检查有哪些？

答案：安全工器具使用前的外观检查应包括绝缘部分有无裂纹、老化、绝缘层脱落、严重伤痕，固定联结部分有无松动、锈蚀、断裂等现象。对其绝缘部分的外观有疑问时应进行绝缘试验合格后方可使用。

14.4.2.2　绝缘操作杆、验电器和测量杆：**允许使用电压应与设备**

<u>电压等级相符</u>。使用时，作业人员手不准<u>越过护环或手持部分</u>的界限。雨天在户外操作电气设备时，操作杆的绝缘部分应有<u>防雨罩</u>或使用<u>带绝缘子的操作杆</u>。使用时人体应与带电设备保持<u>安全距离</u>，并注意防止绝缘杆被<u>人体或设备短接</u>，以保持有效的绝缘长度。

【测试题】

1. 填空题

（1）绝缘操作杆、验电器和测量杆的（　　　）应与设备电压等级（　　　）。

答案：允许使用电压；相符

（2）雨天在户外操作电气设备时，操作杆的绝缘部分应有防雨罩或使用（　　　）的操作杆。

答案：带绝缘子

（3）绝缘操作杆、验电器和测量杆的允许使用电压应与设备电压等级相符。使用时，作业人员手不准越过（　　　）或（　　　）部分的界限。

答案：护环；手持

（4）绝缘操作杆、验电器和测量杆使用时人体应与带电设备保持（　　　），并注意防止绝缘杆被（　　　）短接，以保持有效的绝缘长度。

答案：安全距离；人体或设备

14.4.2.3 携带型短路接地线：接地线的两端夹具应保证接地线与导体和接地装置都能<u>接触良好、拆装方便</u>，有足够的<u>机械强度</u>，并在大短路电流通过时不致<u>松脱</u>。携带型接地线使用前应检查<u>是否完好</u>，如发现<u>绞线松股、断股、护套严重破损、夹具断裂松动等</u>均不准使用。

【测试题】

1. 填空题

（1）携带型短路接地线：接地线两端夹具应保证接地线与导

体和接地装置都能（　　　）、拆装方便，有足够的（　　　），并在大短路电流通过时不致松脱。

答案：接触良好；机械强度

（2）携带型接地线使用前应检查是否完好，如发现绞线松股、（　　　）、护套严重（　　　）、夹具断裂松动等均不准使用。

答案：断股；破损

14.4.2.4 绝缘隔板和绝缘罩：绝缘隔板和绝缘罩只允许在 **35kV及以下**电压的电气设备上使用，并应有足够的**绝缘和机械强度**。用于 **10kV** 电压等级时，绝缘隔板的厚度不应**小于 3mm**，用于 **35kV** 电压等级不应**小于 4mm**。现场带电安放绝缘隔板及绝缘罩时，应戴**绝缘手套**、使用**绝缘操作杆**，必要时**可用绝缘绳索将其固定**。

【测试题】

1. 单选题

（1）绝缘隔板和绝缘罩只允许在（　　　）及以下电压的电气设备上使用，并应有足够的绝缘和机械强度。

A. 10kV；B. 35kV；C. 110kV。

答案：B

2. 填空题

（1）绝缘隔板和绝缘罩用于 10kV 电压等级时，绝缘隔板的厚度不应小于（　　　）mm，用于 35kV 电压等级不应小于（　　　）mm。

答案：3；4

（2）现场带电安放绝缘隔板及绝缘罩时，应戴（　　　）、使用（　　　），必要时可用绝缘绳索将其固定。

答案：绝缘手套；绝缘操作杆

14.4.2.5 安全帽：安全帽使用前，应检查**帽壳、帽衬、帽箍、顶衬、下颏带**等附件**完好无损**。使用时，应将**下颏带**系好，防止工作中前倾后仰或其他原因造成滑落。

【测试题】

1. 多选题

（1）安全帽使用前，应检查（　　）等附件完好无损。

A. 帽壳；B. 帽衬；C. 帽箍；D. 顶衬；E. 下颏带。

答案：ABCDE

2. 填空题

（1）安全帽使用前检查帽壳、帽衬、帽箍、顶衬、下颏带等附件（　　）。使用时，应将（　　）系好，防止工作中前倾后仰或其他原因造成滑落。

答案：完好无损；下颏带

14.4.2.6 安全带：腰带和保险带、绳应有足够的**机械强度**，材质应有**耐磨性**，卡环（钩）应具有**保险装置，操作应灵活**。保险带、绳使用长度在**3m 以上**的应加**缓冲器**。

【测试题】

1. 单选题

（1）安全带的保险带、绳使用长度在（　　）以上的应加缓冲器。

A. 2m；B. 3m；C. 4m。

答案：B

（2）安全带的保险带、绳使用长度在 3m 以上的应（　　）。

A. 对接使用；B. 加缓冲器；C. 禁止使用。

答案：B

2. 填空题

（1）安全带：腰带和保险带、绳应有足够的（　　），材质应有耐磨性，卡环（钩）应具有（　　），操作应灵活。

答案：机械强度；保险装置

14.4.2.7 脚扣和登高板：**金属部分变形**和**绳（带）损伤**者禁止使用。特殊天气使用脚扣和登高板应采取**防滑**措施。

【测试题】

1. 填空题

（1）脚扣和登高板的金属部分（　　　）和绳（带）（　　　）者禁止使用。特殊天气使用脚扣和登高板应采取防滑措施。

答案：变形；损伤

（2）特殊天气使用脚扣和登高板应采取（　　　）措施。

答案：防滑

14.4.3 安全工器具试验。

14.4.3.1 各类安全工器具应经国家规定的<u>型式试验</u>、<u>出厂试验</u>和使用中的<u>周期性试验</u>，并做好<u>记录</u>。

【测试题】

1. 填空题

（1）各类安全工器具应经过国家规定的型式试验、出厂试验和使用中的（　　　），并做好（　　　）。

答案：周期性试验；记录

14.4.3.2 <u>应进行试验的安全工器具</u>如下：

a）规程要求进行试验的安全工器具。

b）新购置和自制的安全工器具。

c）检修后或关键零部件经过更换的安全工器具。

d）对安全工器具的机械、绝缘性能发生疑问或发现缺陷时。

【测试题】

1. 问答题

（1）哪些安全工器具应进行试验？

答案：1）规程要求进行试验的安全工器具；

2）新购置和自制的安全工器具；

3）检修后或关键零部件经过更换的安全工器具；

4）对安全工器具的机械、绝缘性能发生疑问或发现缺陷时。

14.4.3.3 安全工器具经试验合格后，应在不妨碍<u>绝缘性能且醒目</u>

的部位粘贴**合格证**。

【测试题】

1. 填空题

（1）安全工器具经试验合格后，应在不妨碍（　　　）性能且醒目的部位粘贴（　　　）。

答案：绝缘；合格证

14.4.3.4　安全工器具的**电气试验**和**机械试验**可由各使用单位根据**试验标准**和**周期**进行，也可委托有资质的试验研究机构试验。

【测试题】

1. 填空题

（1）安全工器具的（　　　）试验和（　　　）试验可由各使用单位根据试验标准和周期进行，也可委托有资质的试验研究机构试验。

答案：电气；机械

（2）安全工器具的电气试验和机械试验可由各使用单位根据（　　　）和（　　　）进行，也可委托有资质的试验研究机构试验。

答案：试验标准；周期

14.4.3.5　各类绝缘安全工器具试验项目、周期和要求见**附录L**。

【测试题】

1. 单选题

（1）验电器、绝缘杆的工频耐压试验周期为（　　　）。

A. 三个月；B. 半年；C. 一年。

答案：C

（2）绝缘手套、绝缘靴的工频耐压试验周期为（　　　）。

A. 三个月；B. 半年；C. 一年。

答案：B

15 电力电缆工作

> **本章要点**
>
> 本章提出了电力电缆工作的基本要求,明确了沟槽开挖、沟道内作业、电缆头制作、非开挖施工等电缆施工作业方法及安全注意事项,对电缆试验的安全组织技术措施进行补充规定。

15.1 电力电缆工作的基本要求。

15.1.1 工作前应详细核对<u>电缆标志牌</u>的名称与<u>工作票</u>所填写的相符,<u>安全措施</u>正确可靠后,方可开始工作。

【测试题】

1. 判断题

(1)在电力电缆上工作,工作前应详细核对电缆标志牌的名称与工作票所填写的相符,安全措施正确可靠后,方可开始工作。

答案: 正确

15.1.2 填用<u>电力电缆第一种</u>工作票的工作应经<u>调控人员</u>许可。填用<u>电力电缆第二种</u>工作票的工作<u>可不经调控人员</u>许可。若进入变、配电站、发电厂工作都应<u>经运维人员</u>许可。

【测试题】

1. 填空题

(1)若进入变、配电站、发电厂进行电力电缆工作,都应经( )许可。

答案: 运维人员

2. 判断题

（1）填用电力电缆第二种工作票的工作应经调控人员许可。

答案：错误

（2）填用电力电缆第一种工作票的工作可不经调控人员许可。

答案：错误

15.1.3 电力电缆设备的标志牌要与**电网系统图**、**电缆走向图**和**电缆资料**的名称一致。

【测试题】

1. 多选题

（1）电力电缆设备的标志牌要与（ ）的名称一致。

A. 电网系统图；B. 电缆走向图；C. 电缆资料；D. 一次接线图。

答案：ABC

15.1.4 变、配电站的钥匙与电力电缆附属设施的钥匙应**专人严格保管**，使用时要**登记**。

【测试题】

1. 填空题

（1）变、配电站的钥匙与电力电缆附属设施的钥匙应（ ）严格保管，使用时要（ ）。

答案：专人；登记

15.2 电力电缆作业时的安全措施。

15.2.1 电缆施工的安全措施。

15.2.1.1 电缆直埋敷设施工前应先**查清图纸**，再开挖**足够数量**的样洞和样沟，摸清地下管线**分布情况**，以确定电缆敷设位置及确保不损坏运行电缆和其他地下管线。

【测试题】

1. 填空题

（1）电缆直埋敷设施工前应先查清（ ），再开挖足够数量的样洞和样沟，摸清地下管线（　　　），以确定电缆敷设位置及确保不损坏运行电缆和其他地下管线。

答案：图纸；分布情况

15.2.1.2 为防止损伤运行电缆或其他地下管线设施，在城市道路<u>红线范围内</u>不宜使用大型机械来开挖沟（槽），硬路面面层破碎可使用小型机械设备，但应加强<u>监护</u>，不准<u>深入土层</u>。若要使用大型机械设备时，应履行相应的<u>报批手续</u>。

【测试题】

1. 填空题

（1）为防止损伤运行电缆或其他地下管线设施，在城市道路（　　　）内不宜使用大型机械来开挖沟（槽），若要使用大型机械设备开挖沟槽，应履行相应的（　　　）。

答案：红线范围；报批手续

（2）为防止损伤运行电缆或其他地下管线设施，硬路面面层破碎可使用小型机械设备，但应加强（　　　），不得（　　　）。

答案：监护；深入土层

15.2.1.3 掘路施工应具备相应的<u>交通组织方案</u>，做好防止交通事故的安全措施。施工区域应用<u>标准路栏</u>等严格分隔，并有明显<u>标记</u>，夜间施工应佩戴<u>反光标志</u>，施工地点应加挂<u>警示灯</u>。

【测试题】

1. 填空题

（1）电缆掘路施工应具备相应的（　　　），施工区域应用标准路栏等严格分隔，并有明显（　　　）。

答案：交通组织方案；标记

（2）电缆夜间掘路施工应佩戴（　　　）标志，施工地点应加挂（　　　）。

答案：反光；警示灯

15.2.1.4 在下水道、煤气管线、潮湿地、垃圾堆或有腐质物等附近挖沟（槽）时，应设<u>监护人</u>。在挖深超过 **2m** 的沟（槽）内工作时，应采取<u>安全措施</u>，如<u>戴防毒面具、向坑中送风和持续检测等</u>。监护人应密切注意挖沟（槽）人员，防止煤气、硫化氢等<u>有毒气体中毒</u>及沼气等<u>可燃气体爆炸</u>。

【测试题】

1. 单选题

（1）在下水道、煤气管线、潮湿地、垃圾堆或有腐质物等附近挖沟（槽）时，应设（　　　）。

A. 监护人；B. 负责人；C. 许可人。

答案：A

2. 多选题

（1）在下水道、煤气管线、潮湿地、垃圾堆或有腐质物等附近挖沟（槽），在挖深超过 2m 的沟（槽）内工作时，应采取安全措施，如（　　　）等。

A. 戴防毒面具；B. 向坑中送风；C. 持续检测。

答案：ABC

3. 填空题

（1）在下水道、煤气管线、潮湿地、垃圾堆或有腐质物等附近挖沟（槽）时，监护人应密切注意挖沟（槽）人员，防止煤气、硫化氢等（　　　）及沼气等（　　　）。

答案：有毒气体中毒；可燃气体爆炸

15.2.1.5 沟（槽）开挖深度达到 **1.5m** 及以上时，应采取措施防止<u>土层塌方</u>。

【测试题】

1. 单选题

（1）沟（槽）开挖深度达到（　　　）及以上时，应采取措施防止土层塌方。

A. 1.0m；B. 1.5m；C. 2.0m。

答案：B

2. 填空题

（1）沟（槽）开挖深度达到（　　　）及以上时，应采取措施防止（　　　）。

答案：1.5m；土层塌方

15.2.1.6　沟（槽）开挖时，应将路面铺设材料和泥土**分别堆置**，堆置处和沟（槽）之间应<u>保留通道</u>供施工人员正常行走。在堆置物堆起的斜坡上不准放置<u>工具材料</u>等器物。

【测试题】

1. 填空题

（1）沟（槽）开挖时，在堆置物堆起的斜坡上不准放置（　　　）等器物。

答案：工具材料

（2）沟（槽）开挖时，应将路面铺设材料和泥土（　　　）堆置，堆置处和沟（槽）应（　　　）供施工人员正常行走。

答案：分别；保留通道

15.2.1.7　挖到电缆保护板后，应由<u>有经验的人员</u>在场指导，方可继续进行。

【测试题】

1. 单选题

（1）沟槽开挖时，挖到电缆保护板后，应由（　　　）在场指导，方可继续进行。

A. 领导；B. 工作负责人；C. 有经验的人员。

答案：C

15.2.1.8　挖掘出的电缆或接头盒，如下面需要挖空时，应采取<u>悬吊</u>保护措施。电缆悬吊应每 **1m～1.5m** 吊一道；接头盒悬吊应<u>平放</u>，不准使接头盒受到<u>拉力</u>；若电缆接头无保护盒，则应在该接头下<u>垫上加宽加长木板</u>，方可悬吊。电缆悬吊时，不得用<u>铁丝或钢丝等</u>。

【测试题】

1. 单选题

（1）对挖掘出电缆采取悬吊保护措施，应每（　　）吊一道。

A. 1m～1.5m；B. 1.5m～2m；C. 2m～2.5m。

答案：A

2. 填空题

（1）对挖掘出电缆接头盒悬吊时，应（　　），不准使接头盒受到（　　）。

答案：平放；拉力

（2）电缆悬吊时，不准用（　　）或钢丝等。

答案：铁丝

（3）对挖掘出的电缆接头盒悬吊时，若电缆接头无保护盒，则应在该接头下垫上（　　）木板，方可悬吊。

答案：加宽加长

15.2.1.9 移动电缆接头一般应**停电**进行。如必须带电移动，应先调查该电缆的**历史记录**，由**有经验的施工人员**，在**专人**统一指挥下，**平正移动**。

【测试题】

1. 填空题

（1）移动电缆接头一般应（　　）进行。

答案：停电

（2）如必须带电移动电缆接头，应先调查该电缆的（　　），由有经验的施工人员，在专人统一指挥下，（　　）。

答案：历史记录；平正移动；

15.2.1.10 开断电缆以前，应与**电缆走向图图纸**核对相符，并使用专用仪器（如感应法）确切证实电缆**无电**后，用**接地的带绝缘柄的铁钎**钉入电缆芯后，方可工作。扶绝缘柄的人应戴**绝缘手套**并站在**绝缘垫**上，并采取**防灼伤措施（如防护面具等）**。使用远控电缆割刀开断电缆时，刀头应**可靠接地**，周边其他施工人员应**临**

时撤离，远控操作人员应与刀头保持足够的<u>安全距离</u>，防止<u>弧光和跨步电压伤人</u>。

【事故警示】

2006 年 3 月 23 日，某公司配电工区 7 名施工人员对两条遭外力破坏的电缆进行故障抢修。因该电缆资料不全，误将两路电缆误认为同路双条，在完成第一条电缆抢修后，没有对另一条电缆进行绝缘锥刺验电，一名工作人员割破电缆绝缘后触电死亡，并致另一名配合人员重伤。

【测试题】

1. 填空题

（1）开断电缆以前，应与（　　　）图纸核对相符，并使用专用仪器（如感应法）确切证实电缆无电后，用接地的带（　　　）的铁钎钉入电缆芯后，方可工作。

答案：电缆走向图；绝缘柄

（2）使用接地的带绝缘柄的铁钎钉入电缆芯进行接地时，扶绝缘柄的人应戴（　　　）并站在绝缘垫上，并采取防（　　　）措施。

答案：绝缘手套；灼伤

（3）使用远控电缆割刀开断电缆时，远控操作人员应与刀头保持足够的（　　　），防止（　　　）伤人。

答案：安全距离；弧光和跨步电压

2. 判断题

（1）使用远控电缆割刀开断电缆时，刀头应可靠，周边其他施工人员应临时撤离。

答案：错误

15.2.1.11　开启电缆井井盖、电缆沟盖板及电缆隧道人孔盖时应使用<u>专用工具</u>，同时注意<u>所立位置</u>，以免坠落。开启后应设置<u>标准路栏</u>围起，并<u>有人看守</u>。作业人员撤离电缆井或隧道后，应立即将井盖<u>盖好</u>。

【测试题】

1. 填空题

（1）开启电缆井井盖、电缆沟盖板电缆隧道人孔盖后，应设置（　　）围起，并有人（　　）。

答案：标准路栏；看守

（2）开启电缆井井盖、电缆沟盖板及电缆隧道人孔盖时应使用（　　），同时注意（　　），以免坠落。

答案：专用工具；所立位置

2. 判断题

（1）作业人员撤离电缆井或隧道后，应立即将井盖盖好。

答案：正确

15.2.1.12 电缆隧道应有**充足的照明**，并有**防火**、**防水**、**通风**的措施。电缆井内工作时，禁止**只打开一只井盖（单眼井除外）**。进入电缆井、电缆隧道前，应先用**吹风机**排除浊气，再用**气体检测仪**检查井内或隧道内的**易燃易爆及有毒气体的含量**是否超标，并做好**记录**。电缆沟的盖板开启后，应**自然通风**一段时间，**经测试合格**后方可下井工作。电缆井、隧道内工作时，通风设备应**保持常开**。在电缆隧（沟）道内巡视时，工作人员应携带**便携式气体测试仪**，通风不良时还应携带**正压式空气呼吸器**。

【测试题】

1. 填空题

（1）进入电缆井、电缆隧道前，应先用（　　）排除浊气，再用（　　）检查井内或隧道内的易燃易爆及有毒气体的含量是否超标，并做好记录。

答案：吹风机；气体检测仪

（2）电缆井、隧道内工作时，通风设备应（　　）。

答案：保持常开

（3）在电缆隧（沟）道内巡视时，工作人员应携带便携式（　　），通风不良时还应携带（　　）。

答案：气体测试仪；正压式空气呼吸器

（4）电缆隧道应有充足的（　　　），并有防火、防水、（　　　）的措施。

答案：照明；通风

2. 判断题

（1）电缆沟的盖板开启后，自然通风一段时间，即可下井工作。

答案：错误

（2）电缆井内工作时，禁止只打开一只井盖（单眼井除外）。

答案：正确

15.2.1.13 充油电缆施工应做好电缆油的**收集**工作，对散落在地面上的电缆油要立即**覆上黄沙或砂土，及时清除**。

【测试题】

1. 填空题

（1）充油电缆施工应做好电缆油的（　　　）工作，对散落在地面上的电缆油要立即覆上黄沙或砂土，（　　　）。

答案：收集；及时清除

15.2.1.14 在 10kV 跌落式熔断器与 10kV 电缆头之间，宜加装**过渡连接**装置，使工作时能与跌落式熔断器上桩头有电部分保持**安全距离**。在 10kV 跌落式熔断器上桩头有电的情况下，**未采取安全措施前**，不准在熔断器下桩头新装、调换电缆尾线或吊装、搭接电缆终端头。如必须进行上述工作，则应采用**专用绝缘罩**隔离，在下桩头加装**接地线**。工作人员站在**低位**，伸手不准超过**熔断器下桩头**，并设**专人监护**。

上述加绝缘罩工作应使用**绝缘工具**。雨天禁止进行以上工作。

【测试题】

1. 填空题

（1）在 10kV 跌落式熔断器与 10kV 电缆头之间，宜加装（　　　）装置，使工作时能与跌落熔断器上桩头有电部分保持（　　　）。

答案：过渡连接；安全距离

（2）在 10kV 跌落式熔断器上桩头有电的情况下，熔断器下桩头新装、调换电缆尾线或吊装、搭接电缆终端头前，应首先对上桩头采用专用（　　）隔离，在下桩头加装（　　）。

答案：绝缘罩；接地线

（3）在 10kV 跌落式熔断器上桩头有电的情况下，采取必要安全技术措施后，进行熔断器下桩头新装、调换电缆尾线或吊装、搭接电缆终端头工作时，工作人员应站在低位，伸手不准超过熔断器（　　），并设（　　）。

答案：下桩头；专人监护

2. 判断题

（1）10kV 跌落式熔断器上桩头有电的情况下，禁止在雨天对熔断器上桩头加装绝缘罩，在下桩头加装接地线。

答案：正确

15.2.1.15 使用携带型火炉或喷灯时，火焰与带电部分的距离：电压在 10kV 及以下者，不准小于 1.5m；电压在 10kV 以上者，不准小于 3m。不准在带电导线、带电设备、变压器、油断路器（开关）附近以及在电缆夹层、隧道、沟洞内对火炉或喷灯加油及点火。在电缆沟盖板上或旁边进行动火工作时需要采取必要的防火措施。

【测试题】

1. 单选题

（1）使用携带型火炉或喷灯时，电压在 10kV 及以下者，火焰与带电部分的距离不准小于（　　）。

A. 1.0m；B. 1.5m；C. 2m。

答案：B

（2）使用携带型火炉或喷灯时，电压在 10kV 以上者，火焰与带电部分的距离不准小于（　　）。

A. 3m；B. 4m；C. 5m。

答案：A

2. 多选题

（1）不准在（　　　）对火炉或喷灯加油及点火。

A. 带电导线、带电设备附近；

B. 变压器、油断路器（开关）附近；

C. 电缆夹层、隧道、沟洞内。

答案：ABC

15.2.1.16 制作环氧树脂电缆头和调配环氧树脂工作过程中，应采取有效的**防毒**和**防火**措施。

【测试题】

1. 多选题

（1）制作环氧树脂电缆头和调配环氧树脂工作过程中，应采取有效的（　　　）措施。

A. 防毒；B. 防触电；C. 防火。

答案：AC

15.2.1.17 电缆施工完成后应将穿越过的孔洞进行**封堵**。

【测试题】

1. 填空题

（1）电缆施工完成后应将穿越过的孔洞进行（　　　）。

答案：封堵

15.2.1.18 非开挖施工的**安全措施：**

a）采用非开挖技术施工前，应首先探明地下各种管线及设施的相对位置。

b）非开挖的通道，应离开地下各种管线及设施足够的安全距离。

c）通道形成的同时，应及时对施工的区域进行灌浆等措施，防止路基的沉降。

【测试题】

1. 问答题

（1）进行电缆非开挖施工时，应做好哪些安全措施？

答案：1）采用非开挖技术施工前，应首先探明地下各种管线及设施的相对位置；

2）非开挖的通道，应离开地下各种管线及设施足够的安全距离；

3）通道形成的同时，应及时对施工的区域进行灌浆等措施，防止路基的沉降。

15.2.2 电力电缆线路试验安全措施。

15.2.2.1 电力电缆试验要拆除接地线时，应征得<u>工作许可人</u>的许可（**根据调控人员指令装设的接地线，应征得调控人员的许可**），方可进行。工作完毕后<u>立即恢复</u>。

【测试题】

1. 单选题

（1）电力电缆试验要拆除接地线时，应征得（　　）的许可（根据调控人员指令装设的接地线，应征得调控人员的许可），方可进行。

A. 工作许可人；B. 工作负责人；C. 工作票签发人。

答案：A

2. 填空题

（1）电力电缆试验要拆除接地线时，应征得（　　）的许可（根据调控人员指令装设的接地线，应征得调控人员的许可），方可进行。工作完毕后立即（　　）。

答案：工作许可人；恢复

15.2.2.2 电缆耐压试验前，加压端应做好**安全措施**，防止人员误入试验场所。另一端应设置**围栏**并挂上**警告标示牌**。如另一端是上杆的或是锯断电缆处，应<u>派人看守</u>。

【测试题】

1. 多选题

（1）电缆耐压试验前，加压端应做好安全措施，防止人员误入试验场所。另一端应（　　）。如另一端是上杆的或是锯断电缆处，应派人看守。

A. 挂警告标示牌；B. 装设接地线；C. 设置围栏。

答案：AC

2. 填空题

（1）电缆耐压试验前，加压端应做好（　　　），防止人员误入试验场所，另一端应设置（　　　）并挂上警告标示牌。

答案：安全措施；围栏

3. 判断题

（1）电缆耐压试验前，加压端应做好安全措施，防止人员误入试验场所。另一端应设置围栏并挂上警告标示牌。如另一端是上杆的或是锯断电缆处，应派人看守。

答案：正确

15.2.2.3 电缆耐压试验前，应先对设备**充分放电**。

【测试题】

1. 单选题

（1）电缆耐压试验前，应先对设备（　　　）。

A. 短路接地；B. 充分放电；C. 接试验引线。

答案：B

15.2.2.4 电缆的试验过程中，更换试验引线时，应先对设备**充分放电**。作业人员应戴好**绝缘手套**。

【测试题】

1. 填空题

（1）电缆耐压试验过程中，更换试验引线时，应先对设备（　　　），作业人员应戴好（　　　）。

答案：充分放电；绝缘手套

15.2.2.5 电缆耐压试验分相进行时，另两相电缆应**接地**。

【测试题】

1. 填空题

（1）电缆耐压试验分相进行时，另两相电缆应（　　　）。

答案：接地

15.2.2.6 电缆试验结束，应对被试电缆进行**充分放电**，并在被试电缆上加装**临时接地线**，待电缆尾线**接通后**才可拆除。

【测试题】

1. 填空题

（1）电缆试验结束，应对被试电缆进行（　　），并在被试电缆上加装（　　），待电缆尾线接通后才可拆除。

答案：充分放电；临时接地线

2. 判断题

（1）电缆试验结束，应对被试电缆进行充分放电，并在被试电缆上加装临时接地线后即可拆除试验引线。

答案：错误

15.2.2.7 电缆故障声测定点时，禁止**直接用手触摸电缆外皮或冒烟小洞**。

【测试题】

1. 填空题

（1）电缆故障声测定点时，禁止直接用手触摸（　　）或（　　）小洞。

答案：电缆外皮；冒烟

16　一般安全措施

> **本章要点**
>
> 　　本章规定了电力生产作业的一般安全措施，内容包括现场一般注意事项，转动机器、爬梯等设备维护要求，一般电气安全注意事项，一般及电气工具用具使用要求，焊接、切割工作安全规定，以及动火工作的安全组织措施和安全防火要求。

16.1　一般注意事项。

16.1.1　所有升降口、**大小孔洞**、楼梯和平台，应装设不低于 **1050mm 高的栏杆**和不低于 **100mm 高的护板**。如在检修期间需将栏杆拆除时，应装设**临时遮栏**，并在检修结束时将栏杆立即装回。临时遮栏应由**上、下两道横杆及栏杆柱**组成。上杆离地高度为 1050mm～1200mm，下杆离地高度为 500mm～600mm，并在栏杆下边设置严密固定的高度不低于 180mm 的**挡脚板**。原有高度 1000mm 的栏杆可不作改动。

【测试题】

1. 填空题

（1）所有升降口、大小孔洞、楼梯和平台，在检修期间需将栏杆拆除时，应装设（　　　），并在检修结束时将栏杆（　　　）。临时遮栏应由上、下两道横杆及栏杆柱组成。

答案：临时遮栏；立即装回

（2）所有升降口、大小孔洞、楼梯和平台，在检修期间需将栏杆拆除时，应装设临时遮栏，并在检修结束时将栏杆立即装回。临时遮栏应由上、下两道（　　　）及（　　　）组成。

答案：横杆；栏杆柱

（3）所有升降口、大小孔洞、楼梯和平台，应装设不低于1050mm 高的（   ）和不低于 100mm 高的（   ）。如在检修期间需将栏杆拆除时，应装设临时遮栏，并在检修结束时将栏杆立即装回。

答案：栏杆；护板

16.1.2 电缆线路，在进入<u>电缆工井、控制柜、开关柜</u>等处的电缆孔洞，应用<u>防火材料严密封闭</u>。

【测试题】

1. 多选题

（1）电缆线路，在进入（   ）等处的电缆孔洞，应用防火材料严密封闭。

A. 电缆工井；B. 控制柜；C. 开关柜。

答案：ABC

2. 填空题

（1）电缆线路，在进入（   ）、控制柜、开关柜等处的电缆孔洞，应用（   ）严密封闭。

答案：电缆工井；防火材料

16.1.3 特种设备［锅炉、压力容器（含气瓶）、压力管道、电梯、起重机械、场（厂）内专用机动车辆］，在使用前<u>应经特种设备检验检测机构检验合格</u>，取得<u>合格证</u>并制定<u>安全使用规定</u>和<u>定期检验维护制度</u>。同时在投入<u>使用前</u>或者投入使用后 <u>30 日内</u>，使用单位应当向直辖市或者设有区的市级<u>特种设备安全监督管理部门登记</u>。

【测试题】

1. 单选题

（1）特种设备［锅炉、压力容器（含气瓶）、压力管道、电梯、起重机械、场（厂）内专用机动车辆］，在使用前应经（   ）检验合格，取得合格证并制定安全使用规定和定期检验维护制度。

A. 安监部门；B. 设备运维管理单位；C. 特种设备检验检测机构。

答案：C

2. 填空题

（1）特种设备在使用前应经特种设备检验检测机构检验合格，取得（   ）并制定安全使用规定和定期（   ）制度。

答案：合格证；检验维护

（2）特种设备在投入使用前或者投入使用后（   ）日内，使用单位应当向直辖市或者设有区的市级特种设备安全监督管理部门（   ）。

答案：30；登记

16.1.4 在带电设备周围禁止使用<u>钢卷尺、皮卷尺和线尺（夹有金属丝者）</u>进行测量工作。

【事故警示】

1975 年 7 月 19 日，陕西某供电局送电工区耿某某带电测量 110kV 西户线杆顶至焊口距离时，使用的钢卷尺搭在杆顶的一头滑落，倒在线路引流线上，造成电弧烧伤。

【测试题】

1. 填空题

（1）在带电设备周围禁止使用钢卷尺、（   ）和（   ）（夹有金属丝者）进行测量工作。

答案：皮卷尺；线尺

2. 判断题

（1）在带电设备周围允许使用钢卷尺、皮卷尺和线尺（夹有金属丝者）进行测量工作。

答案：错误

16.1.5 在户外变电站和高压室内搬动梯子、管子等长物，应<u>两人放倒搬运</u>，并与带电部分保持<u>足够的安全距离</u>。

【事故警示】

1988 年 8 月 2 日，陕西某供电局变电工区检修二班在三桥变电站进行 1 号主变压器大修工作时，工作人员苏某某在移动梯子过程中，未将梯子放倒，由于不慎脚被花坛砖角拌了一下，身体失控向北侧摔倒，梯子上端触及 2 号变压器带电 10kV 母线桥，导致 C 相放电，被电击倒。

【测试题】

1. 填空题

（1）在户外变电站和高压室内搬动梯子、管子等长物，应（　　），并与带电部分保持足够的（　　）。

答案：两人放倒搬运；安全距离

16.1.6　在变、配电站（开关站）的<u>带电区域内或邻近带电线路</u>处，禁止使用<u>金属梯子</u>。

【事故警示】

2005 年 1 月 12 日，河南某电业局在进行 220kV 振兴变电站 220kV 母线隔离开关检修时，工作人员在带电设备区违章移动铝合金检修工作平台，220kV 旁路母线隔离开关通过工作平台对地放电，造成 2 座 220kV 变电站和 6 座 110kV 变电站全站失压。

【测试题】

1. 多选题

（1）在变、配电站（开关站）的（　　）处，禁止使用金属梯子。

A. 带电区域内；B. 检修班组室；C. 邻近带电线路；D. 控制室。

答案：AC

2. 填空题

（1）在变、配电站（开关站）的带电区域内或邻近带电线路处，禁止使用（　　）。

答案：金属梯子

16.2 设备的维护。

16.2.1 机器的转动部分应装有**防护罩或其他防护设备**(如栅栏)，露出的轴端应设有**护盖**，以防绞卷衣服。禁止在机器转动时，从联轴器（靠背轮）和齿轮上取下**防护罩或其他防护设备**。

【测试题】

1. 填空题

（1）机器的转动部分应装有（　　　　）或其他防护设备（如栅栏），露出的轴端应设有（　　　　），以防绞卷衣服。

答案：防护罩、护盖

2. 判断题

（1）禁止在机器转动时，从联轴器（靠背轮）和齿轮上取下防护罩或其他防护设备。

答案：正确

16.2.2 杆塔等的固定爬梯，应**牢固可靠**。高百米以上的爬梯，中间应设有**休息的平台**，并应定期进行**检查和维护**。上爬梯应**逐档检查**爬梯是否牢固，上下爬梯应抓牢，**两手不准抓一个梯阶**。垂直爬梯宜设置人员上下作业的**防坠安全自锁装置或速差自控器，**并制定相应的**使用管理规定**。

【测试题】

1. 填空题

（1）杆塔等的固定爬梯，应（　　　　）。上爬梯应逐档检查爬梯是否牢固，上下爬梯应抓牢，两手不准（　　　　）。

答案：牢固可靠；抓一个梯阶

（2）杆塔上的垂直爬梯宜设置人员上下作业的（　　　　）安全自锁装置或（　　　　），并制定相应的使用管理规定。

答案：防坠；速差自控器

（3）垂直爬梯宜设置人员上下作业的（　　　　）或速差自控器，并制定相应的（　　　　）规定。

答案：防坠安全自锁装置；使用管理。

（4）高百米以上的爬梯，中间应设有（　　　　），并应定期进行

（　　　）。

答案：休息的平台；检查和维护

16.3　一般电气安全注意事项。

16.3.1　所有电气设备的金属外壳均应有<u>良好的接地装置</u>。使用中不准<u>将接地装置拆除或对其进行任何工作</u>。

【测试题】

1. 单选题

（1）所有电气设备的金属外壳均应有良好的接地装置。使用中（　　　）。

A. 如确需拆除，必须经过工作票签发人同意；B. 如确需拆除，必须经过工作负责人同意；C. 不准将接地装置拆除或对其进行任何工作。

答案：C

2. 填空题

（1）所有电气设备的金属外壳均应有良好的（　　　）。使用中不准将接地装置（　　　）或对其进行任何工作。

答案：接地装置；拆除

16.3.2　手持电动工器具如有<u>绝缘损坏、电源线护套破裂、保护线脱落、插头插座裂开或有损于安全的机械损伤</u>等故障时，应立即进行<u>修理</u>，在未修复前，不准<u>继续使用</u>。

【测试题】

1. 多选题

（1）手持电动工器具如有（　　　）等故障时，应立即进行修理，在未修复前，不准继续使用。

A. 绝缘损坏；B. 电源线护套破裂；C. 保护线脱落；D. 插头插座裂开；E. 有损于安全的机械损伤。

答案：ABCDE

2. 填空题

（1）手持电动工器具如有绝缘损坏、电源线护套破裂、保护线脱落、插头插座裂开或有损于安全的机械损伤等故障时，应立即进行（　　），在未修复前，不准继续（　　）。

答案：修理；使用

16.3.3 遇有电气设备着火时，应立即将有关设备的<u>电源</u>切断。然后进行救火。消防器材的配备、使用、维护，消防通道的配置等应遵守 DL 5027 的规定。

【测试题】

1. 填空题

（1）遇有电气设备着火时，应立即将有关设备的（　　）切断。然后进行救火。消防器材的配备、使用、维护，消防通道的配置等应遵守 DL 5027 的规定。

答案：电源

16.3.4 工作场所的照明，应该保证<u>足够的亮度</u>，夜间作业应有<u>充足的照明</u>。

【测试题】

1. 填空题

（1）工作场所的照明，应该保证足够的（　　），夜间作业应有充足的（　　）。

答案：亮度；照明

16.3.5 检修动力电源箱的支路开关都应加装<u>剩余电流动作保护器（漏电保护器）</u>并应定期<u>检查</u>和<u>试验</u>。

【测试题】

1. 填空题

（1）检修动力电源箱的支路开关都应加装剩余电流动作保护器（漏电保护器）并应定期（　　）和（　　）。

答案：检查；试验

（2）检修动力电源箱的支路开关都应加装（　　）并应定期检查和试验

答案：剩余电流动作保护器（漏电保护器）

16.4 工具的使用。

16.4.1 一般工具。

16.4.1.1 使用工具前应<u>进行检查</u>，机具应按其<u>出厂说明书和铭牌</u>的规定使用，不准使用<u>己变形、己破损</u>或<u>有故障</u>的机具。

【测试题】

1. 多选题

（1）使用工具前应进行检查，机具应按其出厂说明书和铭牌的规定使用，不准使用（　　　）的机具。

A. 已变形；B. 已破损；C. 有故障。

答案：ABC

2. 填空题

（1）使用工具前应进行（　　　），机具应按其出厂说明书和（　　　）的规定使用，不准使用己变形、己破损或有故障的机具。

答案：检查；铭牌

16.4.1.2 大锤和手锤的锤头应<u>完整</u>，其表面应<u>光滑微凸</u>，不准有<u>歪斜、缺口、凹入及裂纹</u>等情形。大锤及手锤的柄应用<u>整根的硬木</u>制成，不准用大木料劈开制作，也不能用其他材料替代，应装得十分<u>牢固</u>，并将头部用<u>楔栓固定</u>。锤把上不可有<u>油污</u>。禁止<u>戴手套</u>或单手抡大锤，周围<u>不准有人靠近</u>。在狭窄区域，使用大锤时应注意<u>周围环境</u>，避免<u>反击力</u>伤人。

【测试题】

1. 单选题

（1）大锤及手锤的柄应用（　　　）制成，不准用大木料劈开制作，也不能用其他材料替代，应装得十分牢固，并将头部用楔栓固定。

A. 整根的硬木；B. 坚硬的橡胶；C. 大本料劈开。

答案：A

2. 多选题

（1）以下对于大锤和手锤的说法正确的是（　　　）。

A. 大锤和手锤的锤头应完整，其表面应光滑微凸，不准有歪斜、缺口、凹入及裂纹等情形。

B. 大锤及手锤的柄应用整根的硬木制成，不准用大木料劈开制作，也不能用其他材料替代，应装得十分牢固，并将头部用楔栓固定。

C. 锤把上不可有油污。抢大锤时必须戴手套，不准用单手抢大锤，周围不准有人靠近。

D. 在狭窄区域，使用大锤时应注意周围环境，避免反击力伤人。

答案：ABD

3. 填空题

（1）禁止（　　　）或（　　　）抢大锤，周围不准有人靠近。

答案：戴手套；单手

（2）大锤和手锤的锤头应完整，其表面应光滑微凸，不准有（　　　）、缺口、凹入及（　　　）等情形。

答案：歪斜；裂纹

16.4.1.3 用凿子凿坚硬或脆性物体时（如生铁、生铜、水泥等），应戴**防护眼镜**，必要时装设**安全遮栏**，以防碎片打伤旁人。凿子被锤击部分有**伤痕不平整、沾有油污**等，**不准使用**。

【测试题】

1. 填空题

（1）用凿子凿坚硬或脆性物体时（如生铁、生铜、水泥等），应戴（　　　），必要时装设（　　　），以防碎片打伤旁人。

答案：防护眼镜；安全遮栏

（2）凿子被锤击部分有（　　　）、沾有（　　　）等，不准使用。

答案：伤痕不平整；油污

16.4.1.4 锉刀、手锯、木钻、螺丝刀等的手柄应**安装牢固**，没有手柄的**不准使用**。

【测试题】

1. 填空题

（1）锉刀、手锯、木钻、螺丝刀等的手柄应安装（　　　），没有手柄的（　　　）。

答案：牢固；不准使用

16.4.1.5 使用钻床时，应将工件<u>设置牢固</u>后，方可开始工作。清除钻孔内金属碎屑时，应先<u>停止钻头的转动</u>。禁止<u>用手直接</u>清除铁屑。使用钻床时不准<u>戴手套</u>。

【事故警示】

1992年10月22日，河北某供电公司修试所一名工作人员，在用摇臂钻床给横担角铁打眼时，用手清理铁屑时，转动的钻头缠住手套，造成右前臂尺骨、桡骨骨折。

【测试题】

1. 填空题

（1）使用钻床时，应将工件（　　　）后，方可开始工作，并不准戴（　　　）。

答案：设置牢固；手套

（2）清除钻床钻孔内金属碎屑时，应先停止（　　　）。禁止（　　　）清除铁屑。

答案：钻头的转动；用手直接

16.4.1.6 使用锯床时，工件应<u>夹牢</u>，长的工件<u>两头应垫牢</u>，并防止工件锯断时伤人。

【测试题】

1. 填空题

（1）使用锯床时，工件应（　　　），长的工件两头应（　　　），并防止工件锯断时伤人。

答案：夹牢；垫牢

16.4.1.7 使用射钉枪、压接枪等爆发性工具时，除严格遵守<u>说明书的规定</u>外，还应遵守<u>爆破</u>的有关规定。

【测试题】

1. 填空题

（1）使用射钉枪、压接枪等爆发性工具时，除严格遵守（　　　）

的规定外，还应遵守（　　　）的有关规定。

答案：说明书；爆破

16.4.1.8　砂轮应进行**定期检查**。砂轮应无**裂纹**及其他不良情况。砂轮应装有用**钢板制成的防护罩**，其强度应保证**当砂轮碎裂时挡住碎块**。防护罩至少要把砂轮的**上半部罩住**。**禁止**使用没有防护罩的砂轮（特殊工作需要的手提式小型砂轮除外）。砂轮机的安全罩应**完整**。

应经常调节防护罩的**可调护板**，使可调护板和砂轮间的距离不大于**1.6mm**。

应随时调节工件托架以补偿砂轮的磨损，使工件托架和砂轮间的距离不大于**2mm**。

使用砂轮研磨时，应**戴防护眼镜或装设防护玻璃**。用砂轮磨工具时应使火星**向下**。禁止用砂轮的**侧面**研磨。

无齿锯应符合上述各项规定。使用时操作人员应站在锯片的**侧面**，锯片应**缓慢地**靠近被锯物件，不准**用力过猛**。

【测试题】

1. 单选题

（1）砂轮应进行定期检查。砂轮应无裂纹及其他不良情况。砂轮应装有用（　　　）制成的防护罩，其强度应保证当砂轮碎裂时挡住碎块。

A. 坚硬的木板；B. 钢板；C. 铝塑板材。

答案：B

2. 填空题

（1）砂轮应装有用钢板制成的（　　　），至少要把砂轮的（　　　）罩住，其强度应保证当砂轮碎裂时挡住碎块。

答案：防护罩；上半部

（2）应经常调节砂轮防护罩的可调护板，使可调护板和砂轮间的距离不大于（　　　）mm。应随时调节工件托架以补偿砂轮的磨损，使工件托架和砂轮间的距离不大于（　　　）mm。

答案：1.6；2

（3）使用砂轮研磨时，应戴（　　　）或装设（　　　）。

答案：防护眼镜；防护玻璃

（4）用砂轮磨工具时应使火星向（　　　）。禁止用砂轮的（　　　）面研磨。

答案：下；侧

3. 判断题

（1）使用无齿锯，操作人员应站在锯片的对面，锯片应迅速靠近被锯物体，用力切割。

答案：错误

16.4.2 电气工具和用具。

16.4.2.1 电气工具和用具应由<u>专人保管</u>，每 **6 个月**应由<u>电气试验单位</u>进行定期检查；使用前应检查<u>电线是否完好</u>，有无<u>接地线</u>；不合格的<u>禁止使用</u>；使用时应按有关规定接好<u>剩余电流动作保护器（漏电保护器）和接地线</u>；使用中发生故障，应<u>立即修复</u>。

【测试题】

1. 单选题

（1）电气工具和用具应有专人保管，每（　　　）个月应由电气试验单位进行定期检查。

A. 3；B. 6；C. 12。

答案：B

2. 多选题

（1）以下关于电气工具和用具的使用正确的做法是（　　　）。

A. 电气工具和用具使用前应检查电线是否完好，有无接地线。

B. 不合格的电气工具和用具禁止使用。

C. 使用时应按有关规定接好剩余电流动作保护器（漏电保护器）和接地线。

D. 使用中发生故障，应立即修复。

答案：ABCD

3. 填空题

（1）电气工具和用具使用前应检查电线是否完好，有无（　　）。使用时应按有关规定接好剩余电流动作保护器（漏电保护器）和（　　）

答案：接地线；接地线

16.4.2.2　使用金属外壳的电气工具时应戴**绝缘手套**。

【测试题】

1. 填空题

（1）使用金属外壳的电气工具时应戴（　　）。

答案：绝缘手套

16.4.2.3　使用电气工具时，禁止提着电气工具的**导线**或**转动部分**。在梯子上使用电气工具，应做好防止**感电坠落**的安全措施。在使用电气工具工作中，因故离开工作场所或暂时停止工作以及遇到临时停电时，应立即**切断电源**。

【测试题】

1. 填空题

（1）使用电气工具时，禁止提着电气工具的（　　）或（　　）部分。

答案：导线；转动

（2）在梯子上使用电气工具，应做好防止（　　）的安全措施。

答案：感电坠落

（3）在使用电气工具工作中，因故离开工作场所或暂时停止工作以及遇到临时停电时，应立即（　　）。

答案：切断电源

16.4.2.4　电动的工具、机具应**接地**或**接零**良好。

【测试题】

1. 填空题

（1）电动的工具、机具应（　　）或（　　）良好。

答案：接地；接零

16.4.2.5　电气工具和用具的电线不准接触**热体**，不要放在**湿地**

上，并避免<u>载重车辆和重物</u>压在电线上。

【测试题】

1. 填空题

（1）电气工具和用具的电线不准接触（　　），不要放在湿地上，并避免（　　）压在电线上。

答案：热体；载重车辆和重物

16.4.2.6　移动式电动机械和手持电动工具的单相电源线应使用<u>三芯软橡胶电缆</u>；三相电源线在三相四线制系统中应使用<u>四芯软橡胶电缆</u>，在三相五线制系统中宜使用<u>五芯软橡胶电缆</u>。连接电动机械及电动工具的电气回路应<u>单独</u>设开关或插座，并装设<u>剩余电流动作保护器（漏电保护器）</u>，金属外壳应<u>接地</u>；电动工具应做到<u>"一机一闸一保护"</u>。

【测试题】

1. 单选题

（1）移动式电动机械和手持电动工具的单相电源线应使用（　　）芯软橡胶电缆。

A. 二；B. 三；C. 四。

答案：B

（2）移动式电动机械和手持电动工具的三相电源线在三相四线制系统中应使用（　　）芯软橡胶电缆。

A. 二；B. 三；C. 四。

答案：C

（3）移动式电动机械和手持电动工具的三相电源线在三相五线制系统中宜使用（　　）芯软橡胶电缆。

A. 三；B. 四；C. 五。

答案：C

2. 填空题

（1）连接电动机械及电动工具的电气回路应（　　）设开关或插座，并装设剩余电流动作保护器（漏电保护器），金属外壳应

(　　　)。

答案：单独；接地

（2）连接电动机械及电动工具的电气回路应单独设开关或插座，并装设（　　　），金属外壳应接地；电动工具应做到"（　　　）"。

答案：剩余电流动作保护器（漏电保护器）；一机一闸一保护

16.4.2.7　长期停用或新领用的电动工具应用 **500V** 的绝缘电阻表测量其绝缘电阻，如带电部件与外壳之间的绝缘电阻值达不到 **2MΩ**，应进行**维修处理**。对正常使用的电动工具也应对绝缘电阻进行定期**测量、检查**。

【测试题】

1. 单选题

（1）长期停用或新领用的电动工具如带电部件与外壳之间的绝缘电阻值达不到（　　　），应进行维修处理。

A. 2MΩ；　B. 3MΩ；　C. 4MΩ。

答案：A

2. 填空题

（1）长期停用或新领用的电动工具应用不低于（　　　）V 的绝缘电阻表测量其绝缘电阻。对正常使用的电动工具也应对绝缘电阻进行定期（　　　）、检查。

答案：500；测量

16.4.2.8　电动工具的电气部分经维修后，应进行**绝缘电阻测量及绝缘耐压试验**，试验电压参见 GB 3787—2006《手持式电动工具的管理、使用、检查和维修安全技术规程》中的相关规定，试验时间为 **1min**。

【测试题】

1. 单选题

（1）电动工具的电气部分经维修后，应进行绝缘电阻测量及绝缘耐压试验，试验电压参见 GB 3787—2006《手持式电动工的管理、使用、检查和维修安全技术规程》中的相关规定，试验时间为（　　　）。

A. 1min；B. 1.5min；C. 2min。

答案：A

2. 填空题

（1）电动工具的电气部分经维修后，应进行（　　　）及（　　　），试验电压参见 GB 3787—2006《手持式电动工具的管理、使用、检查和维修安全技术规程》中的相关规定，试验时间为 1min。

答案：绝缘电阻测量；绝缘耐压试验

16.4.2.9　在一般作业场所（包括金属构架上），应使用**Ⅱ类电动工具（带绝缘外壳的工具）**。在潮湿或含有酸类的场地上以及在金属容器内应使用 **24V 及以下**电动工具，否则应使用**带绝缘外壳**的工具，并装设额定动作电流**不大于 10mA，一般型（无延时）的剩余电流动作保护器（漏电保护器）**，且应设**专人不间断地监护**。剩余电流动作保护器（漏电保护器）、电源连接器和控制箱等应放在容器**外面**。电动工具的开关应设在**监护人伸手可及**的地方。

【测试题】

1. 单选题

（1）在潮湿或含有酸类的场地上以及在金属容器内应使用（　　　）及以下电动工具。

A. 24V；B. 36V；C. 48V。

答案：A

2. 多选题

（1）关于在潮湿或含有酸类的场地上以及在金属容器内使用电气工具，以下叙述正确的是（　　　）。

A. 在潮湿或含有酸类的场地上以及在金属容器内应使用 24V 及以下电动工具，否则应使用带绝缘外壳的工具，并装设额定动作电流不大于 10mA，一般型（无延时）的剩余电流动作保护器（漏电保护器），且应设专人不间断地监护。

B. 剩余电流动作保护器（漏电保护器）、电源连接器和控制箱等应放在容器外面。

C. 电动工具的开关应设在监护人伸手可及的地方。

D. 剩余电流动作保护器（漏电保护器）、电源连接器和控制箱等应放在容器里面。

答案：ABC

3. 填空题

（1）在一般作业场所（包括金属构架上），应使用（   ）。

答案：Ⅱ类电动工具（带绝缘外壳的工具）

（2）在潮湿或含有酸类的场地上以及在金属容器内，使用带绝缘外壳的工具，并装设额定动作电流不大于（   ）mA 的漏电保护器，且应设专人不间断地（   ）。

答案：10；监护

16.4.3 潜水泵。

16.4.3.1 潜水泵应重点检查<u>下列项目</u>且应符合要求：

a）外壳不准有裂缝、破损。

b）电源开关动作应正常、灵活。

c）机械防护装置应完好。

d）电气保护装置应良好。

e）校对电源的相位，通电检查空载运转，防止反转。

【测试题】

1. 问答题

（1）潜水泵应重点检查哪些项目？

答案：潜水泵应重点检查下列项目且应符合要求：

1）外壳不准有裂缝、破损。

2）电源开关动作应正常、灵活。

3）机械防护装置应完好。

4）电气保护装置应良好。

5）校对电源的相位，通电检查空载运转，防止反转。

16.4.3.2 潜水泵工作时，泵的周围 **30m** 以内水面**禁止有人进入**。

【测试题】

1. 填空题

（1）潜水泵工作时，泵的周围（　　　）m 以内水面（　　　）有人进入。

答案：30；禁止

16.5 焊接、切割。

16.5.1 不准在**带有压力（液体压力或气体压力）**的设备上或**带电**的设备上进行焊接。在特殊情况下需在带压和带电的设备上进行焊接时，应采取**安全措施**，并经**本单位**批准。对承重构架进行焊接，应经过有关**技术部门**的许可。

【测试题】

1. 单选题

（1）不准在带有压力（液体压力或气体压力）的设备上或带电的设备上进行焊接。在特殊情况下需在带压和带电的设备上进行焊接时，应采取安全措施，并经（　　　）批准。

A. 工作负责人；B. 工作许可人；C. 本单位。

答案：C

（2）对承重构架进行焊接，应经过（　　　）的许可。

A. 设备运维部门；B. 安监部门；C. 有关技术部门。

答案：C

2. 判断题

（1）经本单位批准后，即可在带有压力（液体压力或气体压力）的设备上或带电的设备上进行焊接。

答案：错误

16.5.2 **禁止**在油漆未干的结构或其他物体上进行焊接。

【测试题】

1. 判断题

（1）在油漆未干的结构或其他物体上可以进行焊接。

答案：错误

16.5.3 在重点防火部位和存放易燃易爆物品的场所附近及存有易燃物品的容器上使用电、气焊时，应严格执行<u>动火工作</u>的有关规定，按有关规定填用<u>动火工作票</u>，备有必要的<u>消防器材</u>。

【测试题】

1. 填空题

（1）在重点防火部位和存放易燃易爆物品的场所附近及存有易燃物品的容器上使用电、气焊时，应严格执行动火工作的有关规定，按有关规定填用（　　　　），备有必要的（　　　　）。

答案：动火工作票；消防器材

16.5.4 在<u>风力超过 5 级及下雨雪</u>时，不可露天进行焊接或切割工作。如必须进行时，应采取<u>防风、防雨雪</u>的措施。

【测试题】

1. 填空题

（1）在风力超过（　　　　）级及下雨雪时，不可露天进行焊接或切割工作。如必须进行时，应采取（　　　　）、防雨雪的措施。

答案：5；防风

16.5.5 电焊机的外壳应<u>可靠接地</u>，接地电阻不准大于 <u>4Ω</u>。

【测试题】

1. 单选题

（1）电焊机的外壳应可靠接地，接地电阻不准大于（　　　　）。

A. 4Ω；B. 6Ω；C. 8Ω。

答案：A

2. 填空题

（1）电焊机的外壳应可靠（　　　　），接地电阻不准大于（　　　　）Ω。

答案：接地；4

16.5.6 气瓶的存储应符合国家有关规定。

16.5.7 气瓶搬运应使用<u>专门的抬架或手推车</u>。

【测试题】

1. 填空题

（1）气瓶搬运应使用（　　　）抬架或（　　　）。

答案：专门的；手推车

2. 判断题

（1）气瓶搬运应使用专门的抬架或手推车。

答案：正确

16.5.8　用汽车运输气瓶时，气瓶不准顺车厢<u>纵向放置</u>，应<u>横向放置</u>并<u>可靠固定</u>。气瓶押运人员应坐在<u>驾驶室</u>内，不准坐在<u>车厢内</u>。

【测试题】

1. 单选题

（1）用汽车运输气瓶时，气瓶应顺车厢（　　　）放置并可靠固定。

A. 横向；B. 纵向；C. 竖立。

答案：A

2. 判断题

（1）汽车运输汽瓶时，气瓶押运人员应坐在驾驶室内，或坐在车厢内。

答案：错误

16.5.9　禁止把<u>氧气瓶及乙炔气瓶</u>放在一起运送，也不准与<u>易燃物品或装有可燃气体的容器</u>一起运送。

【测试题】

1. 填空题

（1）运输气瓶时，禁止把（　　　）及乙炔气瓶放在一起运送。

答案：氧气瓶

2. 判断题

（1）禁止把氧气瓶及乙炔气瓶放在一起运送，但可以与易燃物品或装有可燃气体的容器一起运送。

答案：错误

16.5.10 氧气瓶内的压力降到 **0.2MPa**，不准再使用。用过的气瓶上应写明**"空瓶"**。

【测试题】

1. 单选题

（1）氧气瓶内的压力降到（　　）MPa，不准再使用。用过的气瓶上应写明"空瓶"。

A. 0.1；B. 0.2；C. 0.3。

答案：B

2. 单选题

（1）氧气瓶内的压力降到0.2MPa，在条件允许下可以使用。用过的瓶上应写明"空瓶"。

答案：错误

16.5.11 使用中的氧气瓶和乙炔气瓶应**垂直固定放置**，氧气瓶和乙炔气瓶的距离不准小于**5m**，气瓶的放置地点不准靠近**热源**，应距明火**10m**以外。

【测试题】

1. 单选题

（1）使用中的氧气瓶和乙炔气瓶的距离不准小于（　　）。

A. 3m；B. 4m；C. 5m。

答案：C

（2）气瓶的放置地点不准靠近热源，距明火（　　）以外。

A. 5m；B. 8m；C. 10m。

答案：C

2. 填空题

（1）使用中的氧气瓶和乙炔气瓶应（　　）放置，氧气瓶和乙炔气瓶的距离不准小于5m，气瓶的放置地点不准靠近（　　），应距明火10m以外。

答案：垂直固定；热源

16.6 动火工作。

16.6.1 在防火重点部位或场所以及禁止明火区动火作业，应填用<u>动火工作票</u>，其方式有下列<u>两种</u>：

a）填用线路一级动火工作票（见附录 O）。

b）填用线路二级动火工作票（见附录 P）。

本规程所指动火作业，是指<u>直接或间接产生明火的作业，包括熔化焊接、切割、喷枪、喷灯、钻孔、打磨、锤击、破碎、切削等</u>。

【测试题】

1. 单选题

（1）在防火重点部位或场所以及禁止明火区动火作业，应填用线路（　　）工作票。

A. 第一种；B. 第二种；C. 动火。

答案：C

2. 填空题

（1）在防火重点部位或场所以及禁止明火区动火作业，应填用动火工作票，其方式有（　　）两种。

答案：填用线路一级动火工作票、填用线路二级动火工作票

3. 问答题

（1）什么是动火作业？

答案：动火作业，是指直接或间接产生明火的作业，包括熔化焊接、切割、喷枪、喷灯、钻孔、打磨、锤击、破碎、切削等。

16.6.2 在一级动火区动火作业，应填用线路一级动火工作票。

一级动火区，是指<u>火灾危险性很大，发生火灾时后果很严重的部位或场所</u>。

【测试题】

1. 问答题

（1）什么是一级动火区？

答案：一级动火区，是指火灾危险性很大，发生火灾时后果很严重的部位或场所。

16.6.3 在二级动火区动火作业,应填用线路二级动火工作票。

二级动火区,是指<u>一级动火区以外的所有防火重点部位或场所以及禁止明火区</u>。

【测试题】

1. 问答题

(1)什么是二级动火区?

答案:二级动火区,是指一级动火区以外的所有防火重点部位或场所以及禁止明火区。

16.6.4 各单位可参照附录 Q 和现场情况划分一级和二级动火区,制定出需要执行一级和二级动火工作票的<u>工作项目一览表</u>,并经本单位批准后执行。

【测试题】

1. 判断题

(1)动火工作中,可参照《安规》附录 Q(动火管理级别的划定)和现场情况划分一级和二级动火区,制定出需要执行一级和二级动火工作票的工作项目一览表,并经本单位批准后执行。

答案:正确

2. 问答题

(1)哪些场所部位属于一级动火区?

答案:油区和油库围墙内;油管道及与油系统相连的设备,油箱(除此之外的部位列为二级动火区域);危险品仓库及汽车加油站、液化气站内;变压器等注油设备、蓄电池室(铅酸);其他需要纳入一级动火管理的部位。

(2)哪些场所部位属于二级动火区?

答案:油管道支架及支架上的其他管道;动火地点有可能火花飞溅落至易燃易爆物体附近;电缆沟道(竖井)内、隧道内、电缆夹层;调度室、控制室、通信机房、电子设备间、计算机房、档案室;其他需要纳入二级动火管理的部位。

16.6.5 动火工作票<u>不准代替</u>设备停复役手续或检修工作票、工作任务单和事故紧急抢修单，并应在动火工作票上**注明**检修工作票、工作任务单和事故紧急抢修单的**编号**。

【测试题】

1. 多选题

（1）动火工作票不准代替（　　　）。

A. 设备停复役手续；B. 检修工作票；C. 工作任务单；D. 事故紧急抢修单。

答案：ABCD

2. 判断题

（1）应在动火工作票上注明检修工作票、工作任务单和事故紧急抢修单的编号。

答案：正确

16.6.6　动火工作票的填写与签发。

16.6.6.1　动火工作票应使用黑色或蓝色的钢（水）笔或圆珠笔填写与签发，内容应正确、填写应清楚，不准任意涂改。如有个别错、漏字需要修改，应使用规范的符号，字迹应清楚。用计算机生成或打印的动火工作票应使用统一的票面格式，由工作票签发人审核无误，手工或电子签名后方可执行。

动火工作票一般至少一式三份，一份由工作负责人收执、一份由动火执行人收执、一份保存在安监部门（或具有消防管理职责的部门，指线路一级动火工作票）或动火部门（指线路二级动火工作票）。若动火工作与运行有关，即需要运维人员对设备系统采取隔离、冲洗等防火安全措施者，还应多一份交运维人员收执。

【测试题】

1. 问答题

（1）填写动火工作票应遵守哪些规定？

答案：动火工作票应使用黑色或蓝色的钢（水）笔或圆珠笔填写与签发，内容应正确、填写应清楚，不准任意涂改。如有个别错、漏字需要修改，应使用规范的符号，字迹应清楚。用计算机生成或打印的动火工作票应使用统一的票面格式，由工作票签发人审核无误，手工或电子签名后方可执行。

（2）动火工作票的收执有哪些规定？

答案：动火工作票一般至少一式三份，一份由工作负责人收执、一份由动火执行人收执、一份保存在安监部门（或具有消防管理职责的部门，指线路一级动火工作票）或动火部门（指线路二级动火工作票）。若动火工作与运行有关，即需要运维人员对设备系统采取隔离、冲洗等防火安全措施者，还应多一份交运维人员收执。

16.6.6.2 线路一级动火工作票由申请动火的工区动火工作票签发人签发，工区安监负责人、消防管理负责人审核，工区分管生产的领导或技术负责人（总工程师）批准，必要时还应报当地地方公安消防部门批准。

线路二级动火工作票由申请动火的工区动火工作票签发，工区安监人员、消防人员审核，动火工区分管生产的领导或技术负责人（总工程师）批准。

【测试题】

1. 问答题

（1）一级动火工作票的签发、审批有哪些规定？

答案：线路一级动火工作票由申请动火的工区动火工作票签发人签发，工区安监负责人、消防管理负责人审核，工区分管生产的领导或技术负责人（总工程师）批准，必要时还应报当地地方公安消防部门批准。

（2）二级动火工作票的签发、审批有哪些规定？

答案：线路二级动火工作票由申请动火的工区动火工作票签发人签发，工区安监人员、消防人员审核，动火工区分管生产的领导或技术负责人（总工程师）批准。

16.6.6.3 动火工作票经批准后，由工作负责人送交运维许可人。

【测试题】

1. 单选题

（1）动火工作票经批准后，由（   ）送交运维许可人。

A. 动火执行人；B. 工作票签发人；C. 工作负责人。

答案：C

16.6.6.4 动火工作票签发人不准兼任该项工作的工作负责人。动火工作票由动火工作负责人填写。

动火工作票的审批人、消防监护人不准签发动火工作票。

【测试题】

1. 填空题

（1）动火工作票签发人不准兼任该项工作的（   ）。动火工作票由（   ）填写。

答案：工作负责人；动火工作负责人

（2）动火工作票的（   ）不准签发动火工作票。

答案：审批人、消防监护人

16.6.6.5 动火单位到生产区域内动火时，动火工作票由设备运维管理单位（或工区）签发和审批，也可由动火单位和设备运维管理单位（或工区）实行"双签发"。

【测试题】

1. 填空题

（1）动火单位到生产区域内动火时，动火工作票由（   ）单位（或工区）签发和审批，也可由动火单位和设备运维管理单位（或工区）实行（   ）。

答案：设备运维管理；"双签发"

16.6.7 动火工作票的有效期。

线路一级动火工作票应**提前办理**。

线路一级动火工作票的有效期为**24h**，线路二级动火工作票的有效期为**120h**。动火作业超过有效期限，应**重新办理动火工作票**。

【测试题】

1. 填空题

（1）线路一级动火工作票的有效期为（　　），线路二级动火工作票的有效期为（　　）。动火作业超过有效期限，应重新办理动火工作票。

答案：24h；120h

2. 判断题

（1）动火作业超过有效期限，应办理动火工作票延期手续。

答案：错误

（2）线路一级动火工作票应提前办理。

答案：正确

16.6.8 <u>动火工作票所列人员的基本条件</u>。

线路一、二级动火工作票签发人应是经本单位（动火单位或设备运维管理单位）考试合格并经本单位批准且公布的有关部门负责人、技术负责人或经本单位批准的其他人员。

动火工作负责人应是具备检修工作负责人资格并经工区考试合格的人员。

动火执行人应具备有关部门颁发的合格证。

【测试题】

1. 问答题

（1）动火工作票签发人、工作负责人、动火执行人的基本条件是什么？

答案：线路一、二级动火工作票签发人应是经本单位（动火单位或设备运维管理单位）考试合格并经本单位批准且公布的有关部门负责人、技术负责人或经本单位批准的其他人员。动火工作负责人应是具备检修工作负责人资格并经工区考试合格的人员。动火执行人应具备有关部门颁发的合格证。

16.6.9 动火工作票所列人员的安全责任。

16.6.9.1 <u>动火工作票各级审批人员和签发人</u>：

a）工作的必要性。

b）工作的安全性。

c）工作票上所填安全措施是否正确完备。

【测试题】

1. 问答题

（1）动火工作票各级审批人员和签发人的安全责任有哪些？

答案：1）工作的必要性。

2）工作的安全性。

3）工作票上所填安全措施是否正确完备。

16.6.9.2 动火工作负责人：

a）正确安全地组织动火工作。

b）负责检修应做的安全措施并使其完善。

c）向有关人员布置动火工作，交待防火安全措施和进行安全教育。

d）始终监督现场动火工作。

e）负责办理动火工作票开工和终结。

f）动火工作间断、终结时检查现场有无残留火种。

【测试题】

1. 问答题

（1）动火工作负责人的安全责任有哪些？

答案：1）正确安全地组织动火工作。

2）负责检修应做的安全措施并使其完善。

3）向有关人员布置动火工作，交待防火安全措施和进行安全教育。

4）始终监督现场动火工作。

5）负责办理动火工作票开工和终结。

6）动火工作间断、终结时检查现场有无残留火种。

16.6.9.3 运维许可人：

a）工作票所列安全措施是否正确完备，是否符合现场条件。

b）动火设备与运行设备是否确已隔绝。

c）向工作负责人现场交待运维所做的安全措施。

【测试题】

1. 问答题

（1）动火工作票中的运维许可人的安全责任有哪些？

答案：1）工作票所列安全措施是否正确完备，是否符合现场条件。2）动火设备与运行设备是否确已隔绝。3）向工作负责人现场交待运维所做的安全措施。

16.6.9.4　消防监护人：

a）负责动火现场配备必要的、足够的消防设施。

b）负责检查现场消防安全措施的完善和正确。

c）测定或指定专人测定动火部位（现场）可燃气体、易燃液体的可燃蒸汽含量是否合格。

d）始终监视现场动火作业的动态，发现失火及时扑救。

e）动火工作间断、终结时检查现场有无残留火种。

【测试题】

1. 问答题

（1）动火工作票中的消防监护人的安全责任有哪些？

答案：1）负责动火现场配备必要的、足够的消防设施。

2）负责检查现场消防安全措施的完善和正确。

3）测定或指定专人测定动火部位（现场）可燃气体、易燃液体的可燃蒸汽含量是否合格。

4）始终监视现场动火作业的动态，发现失火及时扑救。

5）动火工作间断、终结时检查现场有无残留火种。

16.6.9.5　动火执行人：

a）动火前应收到经审核批准且允许动火的动火工作票。

b）按本工种规定的防火安全要求做好安全措施。

c）全面了解动火工作任务和要求，并在规定的范围内执行动火。

d）动火工作间断、终结时清理现场并检查有无残留火种。

【测试题】

1. 问答题

（1）动火工作票中的动火执行人的安全责任有哪些？

答案：1）动火前应收到经审核批准且允许动火的动火工作票。

2）按本工种规定的防火安全要求做好安全措施。

3）全面了解动火工作任务和要求，并在规定的范围内执行动火。

4）动火工作间断、终结时清理现场并检查有无残留火种。

16.6.10　动火作业安全防火要求。

16.6.10.1　有条件拆下的构件，如油管、阀门等应拆下来移至安全场所。

【测试题】

1. 填空题

（1）动火作业中，有条件拆下的构件，如油管、阀门等应拆下移至（　　　　）。

答案：安全场所

16.6.10.2　可以采用不动火的方法代替而同样能够达到效果时，尽量采用替代的方法处理。

【测试题】

1. 判断题

（1）对于动火作业，可以采用不动火的方法代替而同样能够达到效果时，尽量采用替代的方法处理。

答案：正确

16.6.10.3　尽可能地把动火时间和范围压缩到最低限度。

【测试题】

1. 填空题

（1）动火作业时，尽可能地把动火（　　　）和（　　　　）压缩到最低限度。

答案：时间；范围

16.6.10.4 凡盛有或盛过易燃易爆等化学危险物品的容器、设备、管道等生产、储存装置，在动火作业前应将其与生产系统彻底隔离，并进行清洗置换，检测可燃气体、易燃液体的可燃蒸汽含量合格后，方可动火作业。

【测试题】

1. 判断题

（1）凡盛有或盛过易燃易爆等化学危险物品的容器、设备、管道等生产、储存装置，在动火作业前应将其与生产系统彻底隔离，并进行清洗置换，检测可燃气体、易燃液体的可燃蒸汽含量合格后，方可动火作业。

答案：正确

16.6.10.5 动火作业应有专人监护，动火作业前应清除动火现场及周围的易燃物品，或采取其他有效的安全防火措施，配备足够适用的消防器材。

【测试题】

1. 填空题

（1）动火作业应有（　　　），动火作业前应清除动火现场及周围的（　　　），或采取其他有效的安全防火措施，配备足够适用的消防器材。

答案：专人监护；易燃物品

（2）动火作业应有专人监护，动火作业前应清除动火现场及周围的易燃物品，或采取其他有效的（　　　）措施，配备足够适用的（　　　）。

答案：安全防火；消防器材

16.6.10.6 动火作业现场的通排风要良好，以保证泄漏的气体能顺畅排走。

【测试题】

1. 判断题

（1）动火作业现场的通排风要良好，以保证泄漏的气体能顺畅排走。

答案：正确

16.6.10.7 动火作业间断或终结后，应清理现场，确认无残留火种后，方可离开。

【测试题】

1. 填空题

（1）动火作业间断或终结后，应（　　　），确认无（　　　）后，方可离开。

答案：清理现场；残留火种

16.6.10.8 下列情况禁止动火：

a）压力容器或管道未泄压前。

b）存放易燃易爆物品的容器未清洗干净前或未进行有效置换前。

c）风力达 5 级以上的露天作业。

d）喷漆现场。

e）遇有火险异常情况未查明原因和消除前。

【测试题】

1. 多选题

（1）动火作业安全防火要求，当出现下列（　　　）情况时禁止动火。

A. 压力容器或管道未泄压前。

B. 存放易燃易爆物品的容器未清洗干净前或未进行有效置换前。

C. 风力达 5 级以上的露天作业。

D. 喷漆现场。

E. 遇有火险异常情况未查明原因和消除前。

答案：ABCDE

2. 问答题

（1）动火作业安全防火要求，当出现哪些情况时禁止动火？

答案: 1) 压力容器或管道未泄压前。

2) 存放易燃易爆物品的容器未清洗干净前或未进行有效置换前。

3) 风力达 5 级以上的露天作业。

4) 喷漆现场。

5) 遇有火险异常情况未查明原因和消除前。

16.6.11 动火的现场监护。

16.6.11.1 一级动火在首次动火时，**各级审批人和动火工作票签发人均应到现场检查防火安全措施是否正确完备，测定可燃气体、易燃液体的可燃蒸汽含量是否合格，并在监护下做明火试验，**确无问题后方可动火。

二级动火时，**工区分管生产的领导或技术负责人（总工程师）**可不到现场。

【测试题】

1. 多选题

（1）一级动火在首次动火时，各级审批人和动火工作票签发人均应到现场检查（　　　）确无问题后方可动火。

A. 防火安全措施是否正确完备;

B. 测定可燃气体、易燃液体的可燃蒸汽含量是否合格;

C. 并在监护下做明火试验。

答案: ABC

2. 填空题

（1）一级动火在首次动火时，各级（　　　）和（　　　）均应到现场检查防火安全措施是否正确完备，测定可燃气体、易燃液体的可燃蒸汽含量是否合格，并在监护下做明火试验，确无问题后方可动火。

答案: 审批人; 动火工作票签发人

3. 判断题

（1）二级动火时，工区分管生产的领导或技术负责人（总工程师）可不到现场。

答案：正确

16.6.11.2　一级动火时，<u>工区分管生产的领导或技术负责人（总工程师）、消防（专职）人员应始终在现场监护</u>。

【测试题】

1. 多选题

（1）一级动火时，工区（　　　）人员应始终在现场监护。

A. 分管生产的领导或技术负责人（总工程师）；B. 消防（专职）人员；C. 安监人员。

答案：ABC

16.6.11.3　二级动火时，工区应指定人员，并和<u>消防（专职）人员或指定的义务消防员始终在现场监护</u>。

【测试题】

1. 多选题

（1）二级动火时，工区应指定人员，并和（　　　），或（　　　）始终在现场监护。

A. 消防（专职）人员；B. 安监人员；C. 指定的义务消防员；D. 分管生产的领导。

答案：AC

16.6.11.4　一、二级动火工作在<u>次日动火前</u>应重新检查<u>防火安全措施</u>，并测定<u>可燃气体、易燃液体的可燃蒸汽含量</u>，合格方可重新动火。

【测试题】

1. 判断题

（1）一、二级动火工作在次日动火前应重新检查防火安全措施，并测定可燃气体、易燃液体的可燃蒸汽含量，合格方可重新动火。

答案：正确

2. 填空题

（1）一、二级动火工作在次日动火前应（　　　）防火安全措施，并测定（　　）、易燃液体的可燃蒸汽含量，合格方可重新动火。

答案：重新检查；可燃气体

16.6.11.5　一级动火工作的过程中，应每隔**2h～4h**测定一次现场**可燃气体、易燃液体的可燃蒸汽含量**是否合格，当发现不合格或异常升高时应**立即停止动火**，在未查明原因或排除险情前不准动火。

动火执行人、监护人同时离开作业现场，间断时间超过**30min**，继续动火前，动火执行人、监护人应**重新确认安全条件**。

一级动火作业，间断时间超过**2.0h**，继续动火前，应**重新测定可燃气体、易燃液体的可燃蒸汽含量**，合格后方可重新动火。

【测试题】

1. 单选题

（1）一级动火工作的过程中，应每隔（　　）测定一次现场可燃气体、易燃液体的可燃蒸汽含量是否合格，当发现不合格或异常升高时应立即停止动火，在未查明原因或排除险情前不准动火。

A. 1h～2h；B. 2h～3h；C. 2h～4h。

答案：C

（2）动火执行人、监护人同时离开作业现场，间断时间超过（　　），继续动火前，动火执行人、监护人应重新确认安全条件。

A. 30min；B. 1h；C. 2h。

答案：A

2. 填空题

（1）一级动火工作的过程中，应每隔2h～4h测定一次现场可燃气体、易燃液体的（　　）是否合格，当发现不合格或异常升高时应立即（　　），在未查明原因或排除险情前不准动火。

答案：可燃蒸汽含量；停止动火

（2）一级动火作业，间断时间超过（　　）h，继续动火前，应重新测定可燃气体、易燃液体的（　　）含量，合格后方可重新动火。

答案：2.0；可燃蒸汽

16.6.12 动火工作完毕后，动火执行人、消防监护人、动火工作负责人和运维许可人应检查现场有无<u>残留火种</u>，<u>是否清洁</u>等。确认无问题后，在动火工作票上填明动火工作结束时间，经<u>四方签名</u>后（若动火工作与运维无关，则三方签名即可），盖上"<u>已终结</u>"印章，动火工作方告终结。

【测试题】

1. 问答题

（1）动火工作完毕后，还需完成哪些工作方告终结？

答案：动火工作完毕后，动火执行人、消防监护人、动火工作负责人和运维许可人应检查现场有无残留火种，是否清洁等。确认无问题后，在动火工作票上填明动火工作结束时间，经四方签名后（若动火工作与运维无关，则三方签名即可），盖上"已终结"印章，动火工作方告终结。

16.6.13 动火工作终结后，工作负责人、动火执行人的动火工作票应交给动火<u>工作票签发人</u>，<u>签发人</u>将其中的一份交<u>工区</u>。

【测试题】

1. 单选题

（1）动火工作终结后，工作负责人、动火执行人的动火工作票应交给动火（   ），（   ）将其中的一份交（   ）。

A. 工作负责人；负责人；工作票签发人。

B. 工作许可人；许可人；工区。

C. 工作票签发人；签发人；工区。

答案：C

16.6.14 动火工作票至少应保存<u>1年</u>。

【测试题】

1. 填空题

（1）动火工作票至少应保存（   ）年。

答案：1